はじめに

「無」と聞くと，数字のゼロや

「からっぽの空間」としての真空を想像するかもしれません。

もしかしたら，空間すらも存在しないような

「究極の無」を思いえがく人もいるでしょう。

この本では，数の「無」といえる「ゼロ」からはじめ，

「絶対0度」や「質量ゼロ」など，物理学にあらわれる「ゼロ」，

物質のない「真空」をめぐる興味深い話や，

宇宙を生んだ「究極の無」まで，

どこか心ひかれる「ゼロ」や「無」について，

その不思議さや現代科学とのつながりをやさしく解説しました。

私たちの住む「有」の世界を鮮明にえがきだす「無」。

そのおどろくべき正体に，じっくりとせまっていきます。

4 宇宙を生んだ「究極の無」

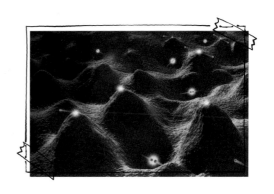

超絵解本

『無』とは，いったい何だろうか

はなやかな「有」に対して一見退屈にみえる「無」

どこまでもつづく大地，雲や太陽など，私たちのまわりに広がる世界は「有」にあふれています。では逆に，そうしたものを取り除いた「無」の世界を想像してみましょう。

空気もないからっぽな空間というと，宇宙空間をイメージする人も多いでしょう。そこには「真空」の世界が広がっています。「有」がはなやかで魅力的であるのとは対照的に，「無」とはいかにも退屈なもののように思えるかもしれません。**しかし「無」とは，実はダイナミックでエキサイティングなものであり，「無のすべてを知る者は，すべてを知りつくす」という学者さえいます。**

古くから宗教家や哲学者たちは，「無」とは何かについて答えを求めてきました。たとえば古代ギリシャの哲学者の中で最初に「無（非存在）」について深く考察したのは，パルメニデス（前515ごろ～前445ごろ）だといわれています。**パルメニデスは，「有らぬもの（非存在，無）」はないと主張しました。**

さまざまな側面から ひもとく『無』の世界

数字のゼロ, ゼロと無限, 絶対0度, 真空, 宇宙にあるゼロ

時間も空間も存在しない「無」から宇宙が生まれるイメージ

この本では「無」を，数字の「ゼロ」や物理学に登場する「ゼロ」，「真空」や「究極の無」などさまざまな側面から考察していきます。

　まずは，数の無ともいえるゼロです。ゼロは，今やあたりまえのように使われていますが，この特殊な数が発見されなければ，今日までの科学の発展はなかったでしょう。

　物質の中には，低温の限界である絶対0度付近で奇妙な現象をおこすものがあります。これもゼロにまつわる不思議の一つです。

　真空も無を象徴する現象です。現代物理学によると，からっぽなはずの真空も，さまざまな“何か”に満ちあふれているといいます。**無を探究していくと，不思議なことに有がみえてくるのです。**また，宇宙にあるブラックホールは，宇宙における無の世界を考える重要なヒントをあたえてくれます。

　それでは，無にまつわる話題をくわしくみていきましょう。

1

数の『無』ゼロの世界

何もないことをあらわす数「0（ゼロ）」。ゼロは特殊な数で，1から9までの数とはちがい，長く“一人前”の数とは認められませんでした。それどころか多くの文明はゼロをもってさえもいませんでした。1章では，ゼロ誕生のストーリーや，ゼロと表裏一体の関係にある「無限」の問題をみていきます。

「ゼロ」は長い間『数』ではなかった

昔から多くの数学者を悩ませたゼロ

「ゼロ（0）」は数でしょうか？ 昔の人々はこれについてかなり悩んだようです。数というのはそもそも，物の「個数」を数えるために生まれたものだと考えられます。しかし「0個のりんご」とはいいません。そう考えると1から9までのほかの数とくらべて，0が確かに不思議な存在に思えてきます。

実際，ゼロは長い間，「数」とはみなされていませんでした。「数」とは，「個数」という考え方にしばられない概念であり，足し算やかけ算といった計算（演算）の対象になるものを指します。

英語の「number」という単語には，数と個数の両方の意味があります。人間はどうしても言葉で考えてしまうので，ヨーロッパでは数と個数を同一視してしまったようです。これが，ゼロが数とみなされなかった理由の一つと考えられます。

0

座標原点としての「ゼロ」

空間の各点をあらわすのには，主に3本の直交した座標軸が使われます。3本の座標軸がまじわる点が，座標のすべての値がゼロである原点です。

14

さまざまな意味をもつ「ゼロ」①

密度の「ゼロ」

宇宙空間は（ほぼ）真空です。真空とは，空気や物質がほとんどなく，密度がほぼゼロの空間のことです。

遠心力

重力

つり合いの「ゼロ」

地球周回軌道上で宇宙遊泳する宇宙飛行士は無重量状態です。つまり，かかっている力はゼロです。

偉人でさえゼロは理解できなかった

ゼロの割り算は数学を崩壊させる

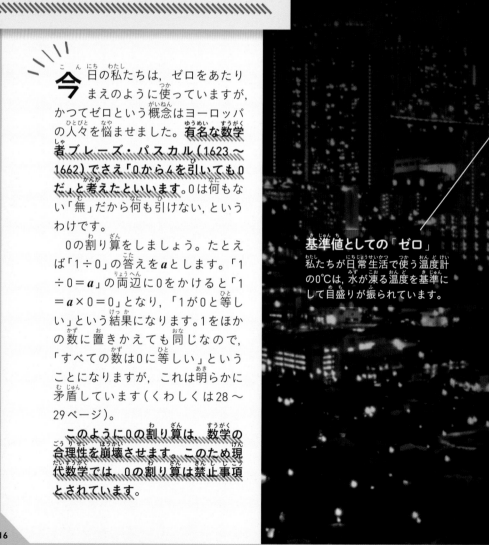

今日の私たちは，ゼロをあたりまえのように使っていますが，かつてゼロという概念はヨーロッパの人々を悩ませました。有名な数学者ブレーズ・パスカル（1623～1662）でさえ「0から4を引いても0だ」と考えたといいます。0は何もない「無」だから何も引けない，というわけです。

0の割り算をしましょう。たとえば「1÷0」の答えを a とします。「1÷0＝a」の両辺に0をかけると「1＝a×0＝0」となり，「1が0と等しい」という結果になります。1をほかの数に置きかえても同じなので，「すべての数は0に等しい」ということになりますが，これは明らかに矛盾しています（くわしくは28～29ページ）。

このように0の割り算は，数学の合理性を崩壊させます。このため現代数学では，0の割り算は禁止事項とされています。

基準値としての「ゼロ」
私たちが日常生活で使う温度計の0℃は，水が凍る温度を基準にして目盛りが振られています。

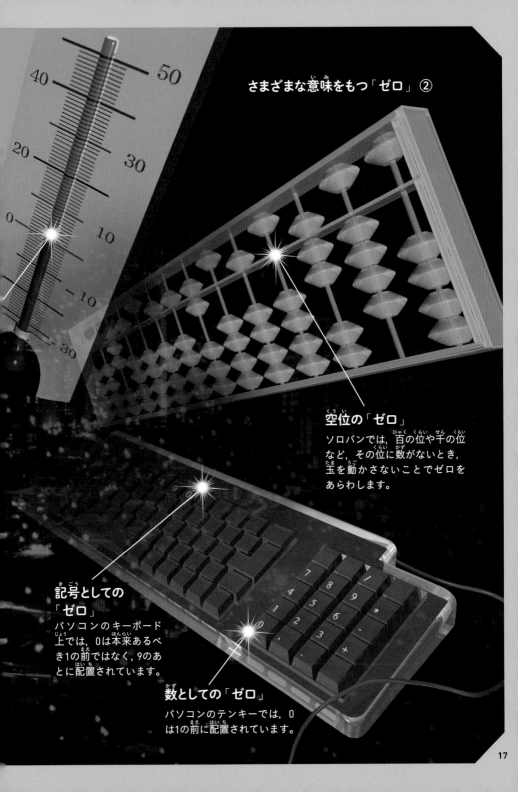

さまざまな意味をもつ「ゼロ」 ②

空位の「ゼロ」

ソロバンでは，百の位や千の位など，その位に数がないとき，玉を動かさないことでゼロをあらわします。

記号としての「ゼロ」

パソコンのキーボード上では，0は本来あるべき1の前ではなく，9のあとに配置されています。

数としての「ゼロ」

パソコンのテンキーでは，0は1の前に配置されています。

ゼロはとても便利な記号だった

少ない記号で大きな数をあらわすことができる

　ゼロを使うことの利点の一つは，少ない種類の記号で大きな数をあらわすことができる点です。たとえば漢字で数をあらわすとき，一〜九に加えて十，百，千，さらには万，億，兆，京…といったぐあいに4けたごとに新しい漢字を用います。しかし0を使えば，10,000，100,000,000，1,000,000,000,000……と，新たな記号を考えださなくても，いくらでも大きな数をあらわすことが可能です。この方法は「位取り記数法」とよばれ，位に何もないことをあらわす「0」が非常に重要な役割を果たしています。

　一方，古代エジプトでは10は「足かせ」，100は「なわ（巻き尺）」，1000は「ハスの茎と葉」といったように，けたごとに別の記号を用意しました。ギリシャでは10（ι），20（κ），30（λ），40（μ），100（ρ），200（σ），300（τ），400（υ）など，それぞれを別の記号であらわしていたため，記号の種類はさらに多くなりました。

古代文明のゼロ記号と数字

現代の数字 （アラビア数字）	エジプトの数字	ギリシャの数字	メソポタミアの数字 （60進法）	マヤの数字 （20進法）
0	なし	⟨図⟩ など	⟨図⟩ ⟨図⟩ など	⟨図⟩
1	I	α	⟨図⟩	⟨図⟩
2	II	β	⟨図⟩	⟨図⟩
3	III	γ	⟨図⟩	⟨図⟩
4	IIII	δ	⟨図⟩	⟨図⟩
5	III	ε	⟨図⟩	⟨図⟩
6	IIII	ϛ	⟨図⟩	⟨図⟩
7	IIII	ζ	⟨図⟩	⟨図⟩
8	IIII	η	⟨図⟩	⟨図⟩
9	IIII	θ	⟨図⟩	⟨図⟩
10	∩	ι	⟨図⟩	⟨図⟩
20	∩∩	κ	⟨図⟩	⟨図⟩
100	ϙϙϙ	ρ	⟨図⟩	⟨図⟩

19

ゼロを使いこなす ことのむずかしさ

かつては，ゼロを使った計算は行われなかったようだ

「ゼロ」を使った位取り記数法はマヤ文明（6世紀ごろ？）やメソポタミア文明（紀元前3世紀以前）でも使用されました。またマヤには絵文字で数字をあらわす方法もありました。その場合，ゼロは「下あごに手をそえた顔」などであらわされました。

画期的な記数法を発明した両文明ですが，ゼロはあくまで空位を示す「記号」であり，ゼロを使った計算は行われなかったようです（0＋*a*など）。おそらく古代文明では，計算にはソロバンなどの算盤や算木（木片を並べて計算する道具）が使われ，数字は主に記録用としてだけ用いられたのだと考えられています。そのためゼロは計算には使われず，“一人前の数”としてあつかわれることはなかったと思われます。

一方，現代の時計などで目にするローマ数字では，10は「X」，100は「C」であらわされ，ゼロをあらわす記号すら存在しませんでした。

数としてのゼロの起源とソロバン

多くの古代文明では，計算にはソロバンのような算盤や算木が使われ，数字はその計算結果を記録するためだけに使われたようです。

時計とローマ数字

ローマ数字にもゼロをあらわす記号はありませんでした。

石碑にきざまれたマヤの絵文字のゼロ
下あごに手をそえた横顔であらわされています。

数としてのゼロは
インドで発見された

人類史上はじめてゼロが計算で
使われはじめた

現代の算用数字
（アラビア数字）

1234
567890

「位取りの記号」としてのゼロは，位がないことをあらわす記号の枠をこえることはありませんでした。ゼロが一人前の「数」とみなされたのはインドが最初といわれます。「ゼロを一人前の数とみなす」とは，加減乗除などの演算の対象としてゼロをあつかうということです。

数としてのゼロの発見は重要です。数としてのゼロがないと，たとえば，$a^0 = 1$といった計算や，$(x-3)(x+2) = 0$から$x = 3$，-2を求める計算もできません。

数としてのゼロがみられるのは，550年ごろのインドの天文学書が最古です。太陽は同じ時刻でも，背景の星座に対し1年を通して移動しています。その1日あたりのずれは約1度（約60分）ですが，季節によって若干の変動があります。天文学書では，それを「$60 \pm a$分」とあらわし，ちょうど60分になる時期では「$60 - 0$」と表記しているのです。ゼロが演算対象だったわけです。

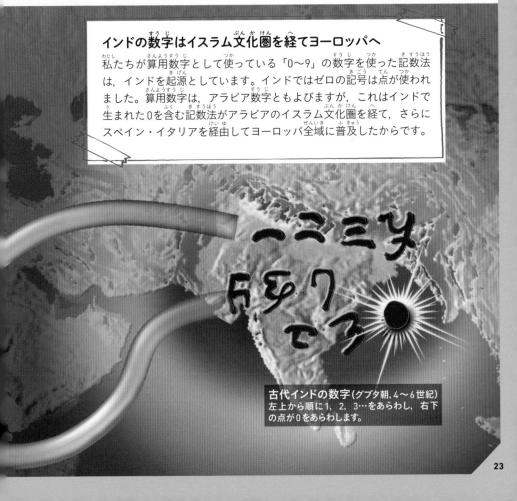

インドの数字はイスラム文化圏を経てヨーロッパへ

私たちが算用数字として使っている「0〜9」の数字を使った記数法は，インドを起源としています。インドではゼロの記号は点が使われました。算用数字は，アラビア数字ともよびますが，これはインドで生まれた0を含む記数法がアラビアのイスラム文化圏を経て，さらにスペイン・イタリアを経由してヨーロッパ全域に普及したからです。

古代インドの数字（グプタ朝，4〜6世紀）
左上から順に1，2，3…をあらわし，右下の点が0をあらわします。

筆算が数としての ゼロを生んだ？

ゼロは人類にとって 大きな発見となった

なぜインドでは数としてのゼロが誕生できたのでしょうか？　インド数学史を研究する同志社大学名誉教授の林隆夫博士によると，数字を縦に並べて位ごとに計算する「筆算」が関係しているのではないかといいます。

　インドでは位取り記号としてのゼロが用いられたという下地に加え，筆算がよく行われたという背景があります。たとえば筆算で「25＋10」を計算しようとすると，どうしても一の位で「5＋0」を行わなければなりません。そこでゼロを数とみなす必要が出てきたのではないか，というわけです。

　インドのだれが数としてのゼロを発見したのかは，謎に包まれています。日常的な商業活動の中で，自然発生的に誕生したのかもしれません。しかし，何気ないこの小さな発見は，今日に至るまでの人類の進歩にとって，非常に大きな発見だったといえるでしょう。

筆算から数のゼロは生まれた？

インドでの筆算は，板や皮の上にチョークで書いたり，砂や粉をまいて指や棒で書いたりして行われました。イラストは，当時の計算のようすをえがきました。3行目にゼロを示す「●」が使われています。

「0」をかけると 「0」になる不思議

　どんな数に対しても，ゼロをかけるとその答えはゼロになります。「2×0」も「100×0」も「−53×0」もすべて答えは0（ゼロ）です。考えてみると，これは少し不思議に思えるのではないでしょうか。

　では，なぜどんな数に対してゼロをかけてもその答えはゼロになるのでしょうか？　**まず，「0」の性質として「0＋0＝0」となることは，それほど問題なく認められると思います。**そのうえで，「3」に「0」をかけることを考えてみましょう。

　「3×0」は，右ページ上のようないくつかの計算式であらわすことができます。このとき，上から四つ目の式に注目してください。「3×0＝A」と書くことにすると，この式は，A＋A＝Aという式に書き直すことができます。

　この，AにAを足してもAになる

ような数とは何でしょうか。それは，「0」しかありません。なぜなら，「0」は「$a+0=a$」という性質をもっていますが，そうした性質をもつ数は0だけだからです。そのため，A＋A＝AとなるAは0しかないのです（最初にみたように「0＋0＝0」です）。このことから，「A＝3×0＝0」となり，「3×0＝0」であることがわかります。

　ここまでの式で，「3」というのは単に例としてあげただけで，ほかのどんな数であってもかまいません。**つまりどんな数aに対しても「$a×0=0$」がなりたつということです。ただし，aは数であるということが前提です。**

$$3 \times 0$$
$$=$$
$$3 \times (0 + 0)$$
$$=$$
$$3 \times 0 + 3 \times 0$$

つまり

$$3 \times 0 + 3 \times 0 = 3 \times 0$$

$3 \times 0 = A$ とすると

$$A + A = A$$

これを満たす数は
「0」しかありません。

「0」で割っては いけません

その理由には2種類ある

0の計算で，数学者たちをとくに混乱させたのが「0での割り算」です。「0で割ること」は，してはいけない禁止事項だと学校で習います。では，なぜしてはいけないのでしょうか？

割り算にはいくつかの考え方があります。「8÷4」を「8個のリンゴを4人で分けると一人あたりいくつになるか（8を4等分するといくつになるか）」のように考えるやり方は「等分除」とよばれます。この考え方では，「8÷0」は「8個のリンゴを0人で分けると一人あたりいくつになるか」ですから答えようがありません。

また，「8÷4」を「8個のリンゴを4個ずつに分けると何人に分けられるか（8に4はいくつ含まれるか）」のように考えるやり方は「包含除」とよばれます。この考え方では，「8÷0」は「8個のリンゴを0個ずつに分けると何人に分けられるか」ですから，これも答え

ようがありません。

割り算は「かけ算の逆の計算である」と考えることもできます。たとえば「8÷4」は「『$a×4＝8$』を満たすaは何か？」という問題だと考えるわけです。この考え方では「8÷0」は「『$a×0＝8$』を満たすaは何か？」という問題だということになります。

どんな数でも0をかけると0なので，上の式を満たすaはありません。つまり，8÷0は「答えが存在しない」のです。

では，「0÷0」はどうでしょうか？ 割り算はかけ算の逆だと考えると，この問題は「『$a×0＝0$』を満たすaは何か？」という問題だということになります。とすると，この式を満たすaは「何でもよい」ということになります。$a＝$1でも，$a＝125$でも上の式を満たします。0÷0は答えが存在しないのではなく，「答えが決まらない」のです。

「8÷0」と「0÷0」のちがい

下は，箱の側面に書かれた式の答えを箱の中のカードであらわしたイラストです。「8÷0」など，0ではない数を0で割る場合，答えはありません（箱の中はからっぽ）。0を0で割る場合，答えはどんな数でもかまいません（箱の中には無数のカード）。

割り算の答え

答えが決まらない

からっぽ（答えが存在しない）

$8 \div 4$

$8 \div 0$

$0 \div 0$

悩ましい『無限』の分割とゼロの関係

ゴールには決して到達できない？「ゼノンのパラドックス」

第1中間地点

　何かを「無限」に分割しようとすると，その要素はかぎりなく「ゼロ」に近づきます。**ゼロと無限は表裏一体の関係にあるのです。**

　無限の問題で有名なのが「ゼノンのパラドックス」です。古代ギリシャの哲学者ゼノン（前490ごろ～前430ごろ）が考えたパラドックス（見かけ上，正しくも誤ってもみえる問題）の一つに「目的地には決して到達できない」というものがあります。

　目的地に到達するには，まず目的地までの中間地点を通過する必要があります。中間地点を通過しても，目的地までにはまた中間地点ができ，それを通過しなくてはなりません。目的地までの距離はかぎりなく「ゼロ」に近づいていきますが，通過する必要のある地点は無限に存在することになります。そのため，ゼノンは「無限の点を通過し終えることなど不可能で，目的地に到達することは永久にできない」と論じたのです。

目的地に到達するには，スタート地点から目的地までの第1中間地点を通過する必要があります。さらに第1中間地点と目的地までの中間地点（第2中間地点）も通過する必要があります。これを無限に考えると，残りの距離はゼロにかぎりなく近づきますが，決してゼロにはならないように思えます。

目的地（ゴール）

第2中間地点　　　　　　第3中間地点

下に拡大

下に拡大

残りの距離はかぎりなく「ゼロ」に近づきますが，決して「ゼロ」にはなりません。

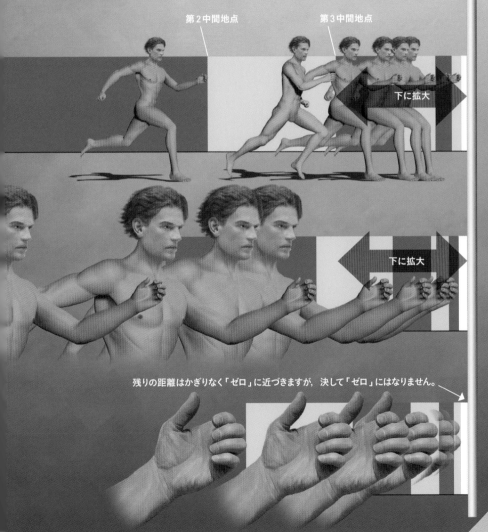

無限のパラドックスを解決する考え方

実は簡単に解決できる

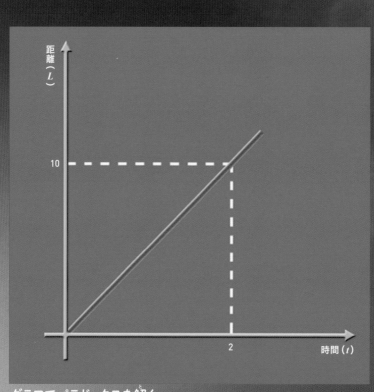

距離（L）

10

2

時間（t）

グラフでパラドックスを解く

走者が秒速5メートルで走っているとするとt秒後に到達する距離 L は「$L=5t$」という式で書け，グラフは上の図のようになります。目的地が10メートル先だとすると「$10=5t \rightarrow t=2$」で2秒後に到達することがわかります。

「目的地に到達できない」というゼノンのパラドックスは，明らかに現実と矛盾します。しかし古代ギリシャの哲学者たちは「無限」という怪物をどうあつかっていいかわからず，ゼノンのパラドックスに悩んだのです。

今ではこれは簡単に説明がつきます。最初の中間地点までに要する時間を1秒とすると，次の中間地点に到達する時間は$\frac{1}{2}$秒です。その次の中間地点にはさらに$\frac{1}{4}$秒で到達で

きます。つまり目的地までに要する時間は「$1 + \frac{1}{2} + \frac{1}{4} + \frac{1}{8} + \frac{1}{16} + \cdots$」（秒）という無限の足し算で求められることになります。

ゼノンはこれを「無限に足すから答えは無限大だ」と論じたわけですが，実際に計算すると，この足し算はかぎりなく2に近づき，2をこえることはありません。つまり2秒後には目的地に到達できるのです。このように無限に足しても有限の値に収まることはめずらしくないのです。

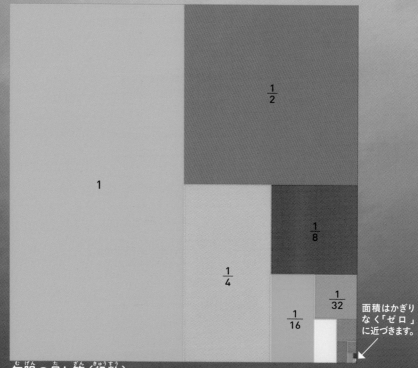

総面積が2の正方形

1

$\frac{1}{2}$

$\frac{1}{4}$

$\frac{1}{8}$

$\frac{1}{16}$

$\frac{1}{32}$

面積はかぎりなく「ゼロ」に近づきます。

無限の足し算（級数）

上は面積2の正方形です。左半分の面積は1。残りの右半分のさらに半分の面積は$\frac{1}{2}$。その残りのさらに半分は$\frac{1}{4}$。これを無限に考えていくとかぎりなく正方形の面積に近づき，2をこえないことがわかります。

無限とゼロは親戚のようなもの

線分の中には大きさゼロの点が無限にある

直線と平面，空間の点の"個数"は等しい

直線（下の図の左）は平面（下の図の右）のごく一部です。しかし意外にも，直線の中の点と平面の中の点は1対1の対応をとることができます。つまり平面の部分でしかない直線の中の点の"個数"は，全体である平面の中の点の"個数"と等しいのです（濃度が同じ）。これを発展させると，さらに空間（右ページの図）の中の点も同じ"個数"ということができます。

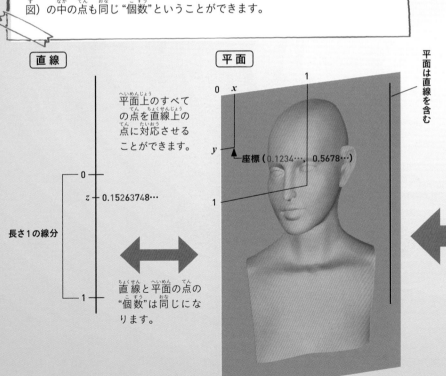

平面は直線を含む

直線

平面上のすべての点を直線上の点に対応させることができます。

長さ1の線分

z — 0.15263748…

直線と平面の点の"個数"は同じになります。

平面

0 x 1

y

座標（0.1234…，0.5678…）

ゼロと表裏一体の関係にある無限についてもう少しみていきましょう。

ドイツの数学者ゲオルク・カントール（1845〜1918）は「無限集合にも濃度がある」という考え方を示しました。無限集合の濃度とは何でしょうか？　たとえば自然数や偶数の集合は，たとえ数え終わらないにしても，それぞれ {1, 2, 3, 4, 5, …}，{2, 4, 6, 8, 10, …} と要素をもらすことなく数えていくことはできます。

しかし，線分の中の点はそうはいきません。線分のどんな小さな区間をとっても，大きさがゼロである点がその小さな区間の中に無限に存在し，線分中のすべての点を数え上げることなど不可能です。

つまり無限と一口にいっても，もれなく数えられる無限と，そうでない無限があるのです。 そしてカントールは，線分中の点の集合のほうが「濃度が高い無限」であると表現したのです。

[空間]

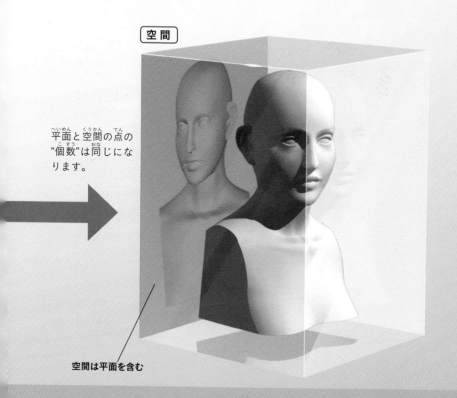

平面と空間の点の"個数"は同じになります。

空間は平面を含む

35

「全体」と「部分」なのに大きさが同じ？

無限の点の集団の濃度とはいったい何だろう？

線分の点の"個数"は長さによらない

下は，偶数や自然数，平方数が1対1で対応づけられることを示した図です。右の図は，線分ABとそれより長い線分CDが1対1に対応づけられることを示しました。点Oから図のように補助線を引くと，線分AB上のすべての点と，線分CD上のすべての点が1対1に対応します。つまり，線分に含まれる点の"個数"は長さによらないのです。

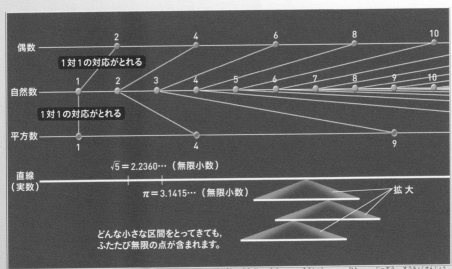

偶数　2　4　6　8　10

1対1の対応がとれる

自然数　1　2　3　4　5　6　7　8　9　10

1対1の対応がとれる

平方数　1　4　9

直線（実数）

$\sqrt{5} = 2.2360\cdots$（無限小数）

$\pi = 3.1415\cdots$（無限小数）

拡大

どんな小さな区間をとってきても，
ふたたび無限の点が含まれます。

注：実数は，有限小数と無限小数（小数点以下に無限の数字が並ぶ）の総称です。一つの実数が数直線上の一つの点（大きさゼロ）に相当します。

集合の濃度についてもう少しくわしくみてみましょう。

左下のイラストは，偶数，自然数，平方数（自然数を2乗したもの），そして直線（実数）の無限集合を比較したものです。偶数，平方数はそれぞれ自然数と1対1で対応づけることができます（黄色の線の対応）。これを数学では「濃度が等しい」といいます。

偶数と平方数は自然数の部分でしかありません。それなのに1対1の対応づけができるのは，集合の要素が無限に存在するからです。1対1で対応づけられるということは，自然数と偶数，平方数は"個数"※が等しいといえます。つまり，「**全体は部分より大きい**」ということが，**無限集合においてはなりたたないのです。**

一方，直線はどんな小さな区間をとってきても，その中にさらに無限の点が含まれます。直線の中の点の集合は，自然数と1対1で対応をとることなどできません。つまり，**同じ無限集合でも，直線の中の大きさゼロの点がつくる集合のほうが「濃度が高い」のです。**

※：線分に含まれる点の個数は無限であり，∞は数ではないので，ここでいう"個数"は通常の個数とはニュアンスがことなります。

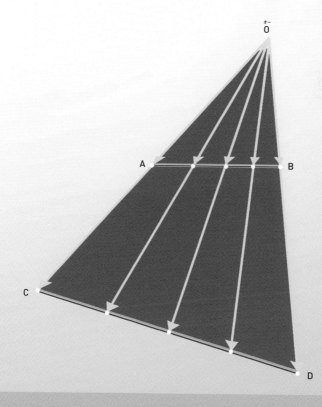

微積分を考えだした天才数学者

「かぎりなくゼロに近づける」という考え方が新しい数学を生んだ

微分（曲線の接線の求め方）

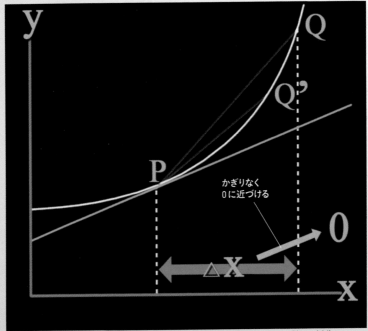

Pでの接線は次のように求めます。Pとx座標が △x だけはなれた点Qを考え，まず PQを結びます。このQを曲線に沿ってかぎりなくPに近づけていきます（Q´），つまり △x をかぎりなく0に近づけていけば，PQが接線になります。

現代社会を支える非常に重要な数学の技法に，微分と積分（微積分）があります。微積分の考え方には，ゼロや無限の概念が重要な役割を果たします（下の図）。それを考えだしたのは17世紀の二人の数学者でした。それは，だれもが知るイギリスの数学者・物理学者アイザック・ニュートン（1642 〜 1727）とドイツの数学者ゴットフリート・ライプニッツ（1646 〜 1716）です。

ニュートンとライプニッツは，ほぼ同時期に独立に微積分をつくり上げました。時期的には，ニュートンの微積分研究のほうがやや先んじていました（1665年ごろ〜）。しかし，ニュートンはみずからの研究内容をなかなか発表しない秘密主義者でした。そのため，ライプニッツがニュートンの影響を受けずにどこまで独自の研究を行っていたのかは微妙な問題のようです。

どちらがほんとうの創始者か？ニュートンのイギリスとライプニッツのドイツとで大きな論争が巻きおこりました。ちなみに，現在の微積分で用いられている記号はライプニッツがつくり上げたものです。

積分（曲線で囲まれる面積の求め方）

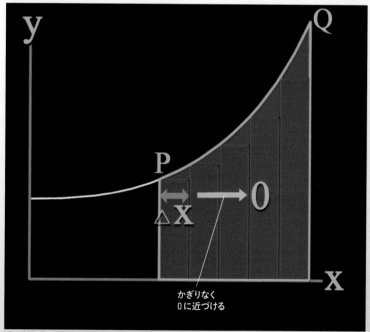

図の緑色の領域の面積は次のように求めます。PとQの間を幅 Δx の短冊（赤色）で埋めて，その短冊をすべて足した面積を S とします。そして Δx をかぎりなくゼロに近づけていけば S が求める面積（緑色）にかぎりなく近づきます。

微積分は文明の発展に貢献した

現代社会は微積分なしにはなりたたない

「かぎりなくゼロに近づける」という手法を駆使し，曲線で囲まれた面積や接線を求めたり，グラフがどこで最大・最小値をとるかなどを求めたりする数学が「微積分」です。微積分は「ゼロ」をめぐる試行錯誤から生まれました。

微積分は非常に応用範囲が広いものです。ニュートンは微積分を力学（物体の運動などを説明する物理学）に応用しました。そして現代物理学でも，あらゆる分野で微積分は強力な武器としてその威力をいかんなく発揮しています。

それどころか，微積分は現代社会を裏から支えているといっても過言ではありません。たとえば建築物の設計では，かかる加重や強度などを前もって十分に計算しておかなくては安全性は確保できませんが，その計算には微積分が使われています。経済も例外ではなく，現代の複雑な経済システムを分析するには微積分を含む数学的手法が不可欠です。

現代社会を支える微積分

「ゼロ」をめぐる幾多の試行錯誤から生まれた微積分は，現代物理学，建築学，経済学など非常に幅広い分野で応用されています。微積分なくしては現代社会はなりたたないといっても過言ではありません。

弾道学

大砲の弾をどのような初速度，角度で撃てば，ねらった場所に着弾させることができるかを考えるのに微積分は役立ちました。

建築学

建築物にかかる荷重や強度を計算する理論において，微積分は非常に重要です。たとえば吊り橋ではタワーに荷重が一手にかかるので，安全性を確保するために，設計には高い精度が求められます。

コーヒーブレーク

大きさゼロの点が 集まって線ができる?

点とは大きさが0であり,その点が集まることで線ができる,と学校の数学で習いますが,この説明に納得できなかったという読者もいるのではないでしょうか。大きさ0の点をどれだけたくさん集めたところで長さは0のままで,線なんてできないような気もします。

下の図に示したような実数,有理数,有限小数だけからなる直線について考えてみましょう。これらをいずれも「直線」とよぶことはできますが,三つをその見かけから区別することは,だれにもできません。そしてこれらの構成要素である「点」は,それぞれが一致しているわけではありません。

つまり,点とか線という概念は,目的に応じてことなって定義できるものなのです。極端な話,はなれた二つの点だけがあってその間には何も存在しないと仮定しても,二つの点を結ぶ線は考えられます。また,そもそも点は位置を示しているだけです。二つの「位置」を集める(足し合わせる)ということ自体に意味がないともいえます。

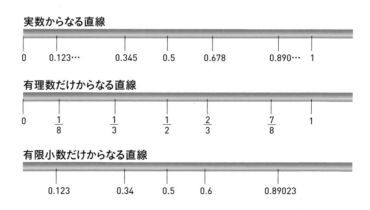

実数からなる直線

0　0.123…　0.345　0.5　0.678　0.890…　1

有理数だけからなる直線

0　$\frac{1}{8}$　$\frac{1}{3}$　$\frac{1}{2}$　$\frac{2}{3}$　$\frac{7}{8}$　1

有限小数だけからなる直線

0.123　0.34　0.5　0.6　0.89023

「線」と「面」と「立体」に含まれる点の"個数"は同じ

イラストは，線（1次元の物体）と面（2次元の物体），立体（3次元の物体）が，ともに大きさゼロの点の集まりであることをイメージしたものです。しかも，34〜35ページでみたように，これらに含まれる点の"個数"（濃度）は同じであることがわかっています。これは無限のもつ不思議な性質によって生じる結果です。

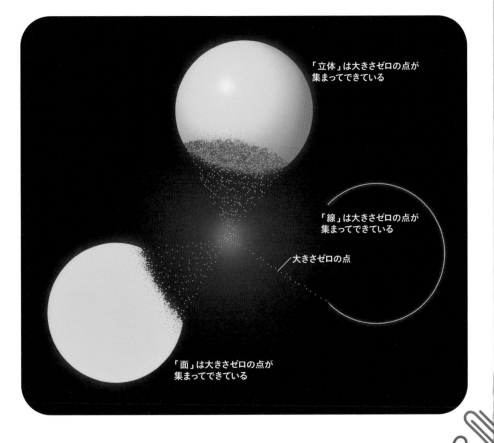

「立体」は大きさゼロの点が集まってできている

「線」は大きさゼロの点が集まってできている

大きさゼロの点

「面」は大きさゼロの点が集まってできている

2

自然界にあらわれる『ゼロ』

自然界には，ゼロの生みだす摩訶不思議な現象があります。温度や抵抗，質量などの物理的な値がゼロになると奇妙なことがおこるのです。2章では，そうした自然界にあらわれるさまざまなゼロにせまっていきましょう。

『絶対0度』で物質の動きはどうなる?

すべてのものが運動を停止する
−273℃

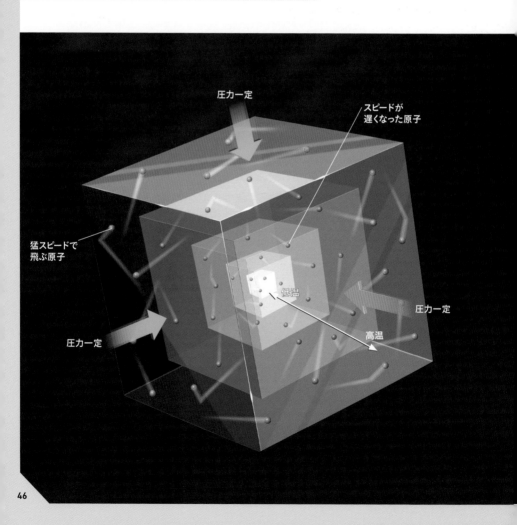

圧力一定

スピードが
遅くなった原子

猛スピードで
飛ぶ原子

低温

圧力一定

高温

圧力一定

まずは、温度の「ゼロ」について みていきましょう。「0℃（摂氏0度）」は、私たちになくてはならない「水」という物質が凍る温度、というだけの意味です。

一方、物理学で使われる温度に「絶対温度」というものがあります。この絶対温度の0度は−273.16℃に相当し、温度の下限にあたります。つまり、それより低い温度は存在しないのです。絶対0度は文字どおり"絶対的"な意味をもった温度なのです。

そもそも温度とは、ミクロの世界においては原子（または分子）の運動のはげしさを示しています。つまり、温度が低くなるほど原子の運動はおとなしくなるのです。原子の運動が完全に止まってしまう温度、それが絶対0度なのです。ただし、これはニュートン力学的な説明で、量子力学的にみると、絶対0度でも原子は完全には止まることができずにわずかに動きつづけています。

絶対0度で気体の体積は0になる

温度とは原子の運動のはげしさのことです。圧力を一定に保ちながら温度を下げていくと、気体の体積は減少していきます。0℃の体積を基準にすると、1℃下がるごとにその273.16分の1だけ体積は減少するので、−273.16℃では原理的には気体の体積は「ゼロ」になり、原子の運動も止まります。

現実の気体では、原子どうしに引力がはたらくので絶対0度になる前に液体、固体となります。

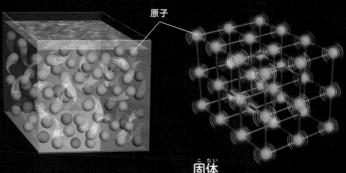

原子

液体

通常、気体はある温度以下になると、原子（または分子）どうしの引力によって液体となります。原子は、気体のときのように飛ぶことはできませんが、自由に動くことができます。

固体

さらに温度が下がると、原子（または分子）は自由に動けなくなり固体となります。ただし固体状態でも原子は熱によって振動しています。この振動のはげしさが固体における温度です。

電気抵抗がゼロになる『超伝導現象』

極低温の研究がみつけた不思議な現象

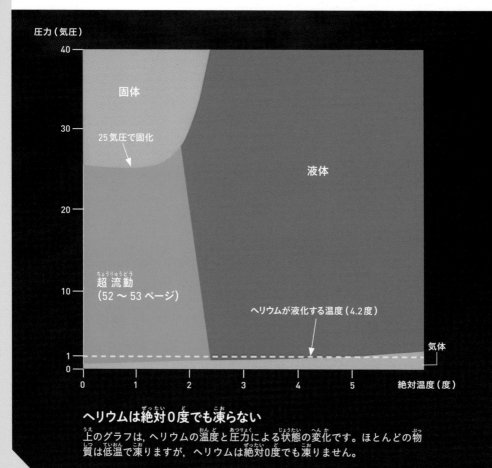

ヘリウムが液化する温度（4.2度）

25気圧で固化

固体

液体

超流動
（52〜53ページ）

気体

圧力（気圧）

絶対温度（度）

ヘリウムは絶対0度でも凍らない

上のグラフは，ヘリウムの温度と圧力による状態の変化です。ほとんどの物質は低温で凍りますが，ヘリウムは絶対0度でも凍りません。

絶対0度近くの極低温では非常に不思議なことがおこります。オランダの物理学者カマリン・オンネス（1853～1926）は1908年,ヘリウムを絶対温度4.2度にまで下げて液体にすることに成功しました。さらに液体ヘリウムを使って水銀を冷やし,電気抵抗を調べました。すると絶対温度4.2度付近で水銀の電気抵抗が突然ゼロになったのです。

電気抵抗がゼロになるとは,電圧をかけなくても電流が永久に流れつづけるという奇妙な状態です。これは「超伝導（超電導）現象」とよばれ,さまざまな応用が考えられています。たとえば,超伝導物質を導線にしてコイルをつくれば,非常に強力な電磁石をつくることができます。

　超伝導マグネット（磁石）はすでに実用化がはじまっていて,人体の輪切り画像が撮影できる「MRI（核磁気共鳴撮影装置）」や,リニアモーターカーの浮上用磁石として実際に使用されはじめています。

超伝導現象

超伝導現象とは,ある種の物質を低温にしたときにあらわれる電気抵抗ゼロの現象です。下のイラストのように超伝導体の上に小さな永久磁石を置くと,永久磁石は宙に浮きます。超伝導体の内部に発生した環状の電流が,減衰せずに流れつづけ,磁力の反発によって永久磁石を浮かせるのです。

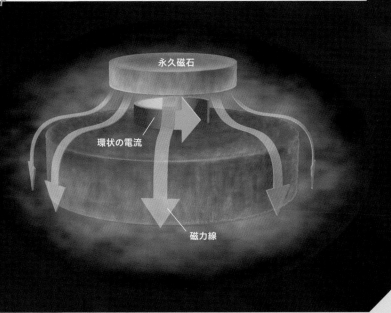

永久磁石

環状の電流

磁力線

自然界にあらわれる「ゼロ」

超伝導を利用した
リニアモーターカー

**最先端の科学技術が
日の目をみる日が近づいている**

近年，都市型交通システムに利用されることが多くなったものに，磁石を動力とするリニアモーターカーがあります。車高を低くできる，トンネル断面を小さくできるなどといった特性から，主に都市部の地下鉄などで利用されることが多いようです。

これまでのものはすべて常温で使用される電磁石を使っています。この電磁石を超伝導電磁石にかえて鉄道に利用しようとしているのが，鉄道総合技術研究所とJR東海によって開発が進められている磁気浮上式リニアモーターカーです。

超伝導電磁石は，電気抵抗がなく熱を発することもないので，通常の電磁石よりも強力な磁力を発生させることができます。そのため，これまでの新幹線の倍近いスピードでの走行が可能です。2027年の開業を目指して，山梨県の実験線で走行試験をくりかえしており，これまでに時速603キロメートルの，有人の陸上交通としては世界最高記録を達成しています。

51

『超流動現象』は常識外の不思議な現象

液体ヘリウムが細い管をスルリと通り抜ける

「抵抗ゼロ」がつくる不思議な現象をみてみましょう。どんな液体でも多少の粘り（粘性）があります。たとえば，注射器に入れた水を押しだすのにある程度の力が必要なのは，水が細い管の部分を通り抜けるときの粘性による抵抗のせいです。

しかし，液体ヘリウムを絶対温度2.2度以下まで冷やすと，どんな細い管だろうと，何の力も加えずにスルリと通り抜けてしまうようになります。これは「超流動現象」とよばれています。超流動ヘリウムは粘性がなく，抵抗がゼロなのです。また，超流動ヘリウムは，フィルターのように障害物で満たされたものでも，なんなくすり抜けてしまいます。

通常の液体の場合には，個々の原子は自由に動けるので，原子は壁にぶつかると運動が弱められてしまいます。しかし，超流動ヘリ

ウムの場合，原子たちは"単独行動"がとれません。多数の原子が手をつないでいるような状態なので，障害物があっても流れは乱れず，抵抗がゼロになるのです。

最後に，超伝導と超流動との関係にふれておきましょう。実は超伝導は，電子がペアをつくって超流動になった現象です。超伝導の状態では，電子が結晶中のイオンなどの障害物に対し抵抗ゼロで流れるのです。

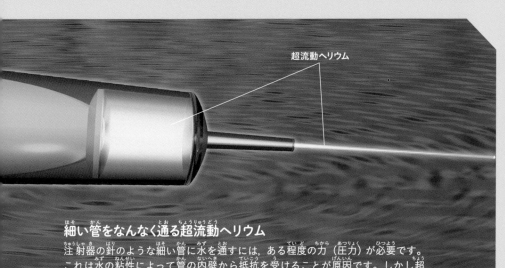

超流動ヘリウム

細い管をなんなく通る超流動ヘリウム

注射器の針のような細い管に水を通すには，ある程度の力（圧力）が必要です。これは水の粘性によって管の内壁から抵抗を受けることが原因です。しかし超流動ヘリウムの場合，圧力なしでも非常に細い管をなんなく通り抜けます。これは超流動ヘリウムが管の内壁から抵抗を受けないからです。

膜状の
超流動ヘリウム

コップ

超流動ヘリウム

生き物のように壁を伝わってもれる超流動ヘリウム

コップに超流動ヘリウムを入れると，壁からの力（分子間の力）によって液面が引き上げられ，壁に薄い超流動ヘリウムの膜がつくられます。超流動ヘリウムは薄い膜の中を「抵抗ゼロ」で流れることができるので，「サイフォンの原理」によって外にもれだすのです。

コーヒーブレーク

使ってわかる 0の大切な 役割

0をもたないローマ数字では,「I」「X」「C」「M」でそれぞれ「1」「10」「100」「1000」をあらわします。たとえば「3002」は「MMMII」となります。一見不つごうはなさそうですが,新しいけたをあらわす記号を無数につくりださないと,すべての自然数をあらわせないことが

ローマ数字では,すべての自然数をあらわすには記号が無数に必要

0	1	5	10	50	100	500	1000
なし	I	V	X	L	C	D	M

ローマ数字では,これより大きな数をあらわす記号がなく,4000以上の数はあらわせなかったようです。

3002
＝
MMMII

わかります。

　一方，いくつかの定まった記号だけですべての自然数をあらわそうとすると，あるけたが空であることをあらわす記号（つまり0）が必要になります。たとえばメソポタミアでは，数字と数字の間に斜めの楔を入れることによって「11」と「101」を区別する方法が

導入されました。それでもこれは間の空位を示すためだけでしたから，「11」と「110」と「1100」を区別することはできませんでした。

すべての自然数を表現するためには「0」が不可欠なのです。

60²の位　　60の位　　1の位

3602

メソポタミアで使われた数字。真ん中の斜めに傾いている記号が空位としての0をあらわします。バビロニアでは60進法が使われていたので，右端が1の位，真ん中が60の位，左端が60²の位となります。図の数字を10進法であらわすと，$(60^2 × 1) + (60 × 0) + (1 × 2)$ で，3602となります。

光の粒子は質量がゼロなのに落下する

アインシュタインが解き明かしたその正体

次は、私たちにとてもなじみの深い「光」とゼロの関係についてみていきましょう。光は波の性質をもちますが、一つ、二つと数えられる「粒子」の性質ももっています。**光の粒子は「光子」とよばれ、なんとその質量はゼロなのです。**

さて、質量ゼロの光子は重力で落下するでしょうか？　力学によると、質量0.5キログラムの物体は1キログラムの物体の0.5倍しか重力を受けません。ならば、質量ゼロの光子が地球から受ける重力はゼロで、落下はしないように思えます。

光が重力から受ける影響について正確な予言をしたのが、あの有名な物理学者アルバート・アインシュタイン（1879〜1955）です。1916年に発表された「一般相対性理論」によると、重力の正体は空間の「曲がり」だといいます。**光子はその空間の曲がり方に沿って進むため、重力によって曲げられる（重力を受けて落下する）のです。**

アインシュタインの予言どおりに曲がった光

1919年、イギリスの天文学者アーサー・エディントン（1882〜1944）らは、太陽の背後にある星からやってくる光が、太陽のごく近くを通るようすを日食を利用して観測しました。その光の軌跡は、アインシュタインの予言どおりの大きさで曲がっていることが確認されました。

直進した場合
アインシュタイン以前の力学が予測する光の軌跡
実際の光の軌跡（アインシュタインの予言どおり）

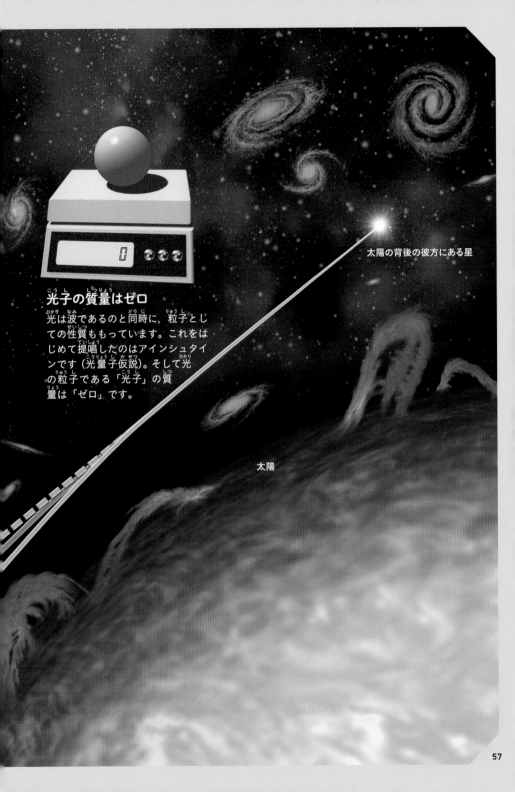

太陽の背後の彼方にある星

光子の質量はゼロ

光は波であるのと同時に，粒子としての性質ももっています。これをはじめて提唱したのはアインシュタインです（光量子仮説）。そして光の粒子である「光子」の質量は「ゼロ」です。

太陽

質量ゼロの光が
電子をはじき飛ばす

光子の質量はゼロだが
エネルギーはもっている

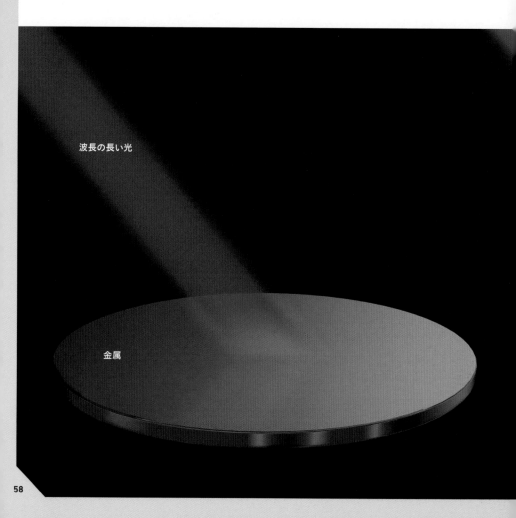

波長の長い光

金属

ビリヤードというゲームは，自分の玉でほかの玉を動かしたり，穴に落としたりして勝敗を競うゲームです。しかし，ビリヤードの玉が軽すぎると，相手の玉をはじき飛ばすことはできなくなります。玉が軽くなるにしたがって，ほかの玉にあたえる影響は少なくなっていくのです。

しかし，不思議なことに，光子は「質量ゼロ」なのに電子をはじき飛ばすことができます。これは「光電効果」として知られる現象で，太陽電池（太陽光発電）の原理ともなっているものです。

光子は質量ゼロでもエネルギーをもっています。まず最初に，電子はいったん光子を吸収してエネルギーをもらいます。そして次に，そのエネルギーによって勢いよく"はじけ飛ぶ"のです。

光電効果とは？

金属に光が当たると，光のエネルギーを受け取った電子が，金属から飛びだしてくる場合があります。これを光電効果といいます。金属に当たる光の波長が長い場合（左ページ）は光のエネルギーが小さく，光電効果はおきません。光の波長が短い場合（右ページ）に，光電効果によって電子が飛びだします。

波長の短い光

飛び出した電子

金属

自然界にあらわれる「ゼロ」

大きさゼロの天体
『ブラックホール』

恒星の大爆発で
その中心核がつぶれて生まれる

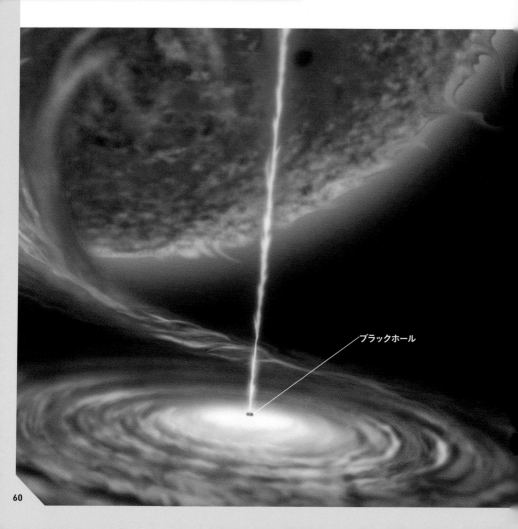

ブラックホール

「ブラックホール」は，「大きさゼロ」に向かって収縮した天体です。ブラックホールの重力はすさまじく，のみこまれたものは光でさえも脱出することができません。これもアインシュタインの一般相対性理論から予言されたことですが，アインシュタイン自身はその存在については懐疑的でした。

アメリカの物理学者ロバート・オッペンハイマー（1904～1967）らは1939年，ブラックホールが現実の宇宙に存在するはずだと主張しました。恒星は生涯の最後に大爆発をおこし，その中心核は強力な重力によって逆に収縮します（重力崩壊）。オッペンハイマーはもとの恒星がある程度以上重いと，中心核の重力崩壊は止めることができず，大きさゼロに向かって収縮していくと考えました。つまり，この天体の密度は無限大に向かっていくため，すさまじい重力を周囲におよぼすことになると考えられたのです。

ブラックホールの本体は「ゼロ」に向かって収縮する

ブラックホールの本体（もとは恒星の中心核）は大きさゼロに向かって収縮していきますが，完全にゼロになってしまえば密度は無限大となり，現在知られている物理法則は破たんしてしまいます。そのため，現在の物理学では，10^{-33}センチメートルぐらいまでは小さくなるがその先は不明とされています。

ブラックホール

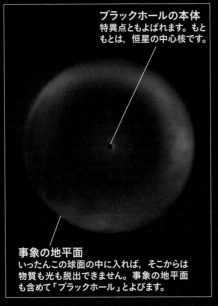

ブラックホールの本体
特異点ともよばれます。もともとは，恒星の中心核です。

事象の地平面
いったんこの球面の中に入れば，そこからは物質も光も脱出できません。事象の地平面も含めて「ブラックホール」とよびます。

光も吸いこむブラックホール

事象の地平面

ブラックホールの内部では，光は中心に向かってしか進めません。

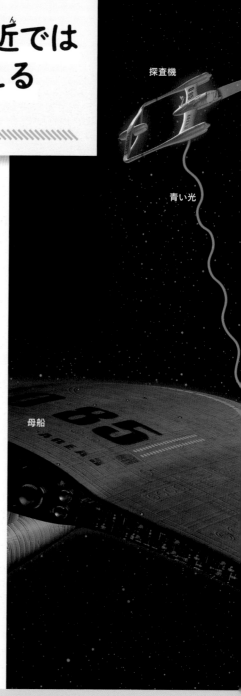

探査機

青い光

母船

自然界にあらわれる「ゼロ」

ブラックホール付近では速度がゼロにみえる

アインシュタインが予言した時間の遅れ

ブラックホールに近づくと何がおこるのか，ブラックホールに接近する探査機の動きを観察してみましょう。

探査機が接近するのが地球や太陽だったら，重力の影響で探査機の速度はどんどん大きくなり，その星に突っこむでしょう。しかしブラックホール相手では奇妙なことがおこります。なんと探査機はブレーキをかけてもいないのに，しだいに速度を落としていくようにみえます。ブラックホールの境界面（事象の地平面）のごく近くまで探査機が到達すると，ついに速度は「ゼロ」となり，止まってみえるのです。

これは一般相対性理論が予言する時間の遅れの効果のあらわれです。一般相対性理論によると，巨大重力源の近くの時間は，はなれた場所からみると遅く進みます。そしてブラックホールという超巨大重力源の場合，その境界面で時間は完全に止まってしまい，そこにいる探査機は速度ゼロにみえるのです。

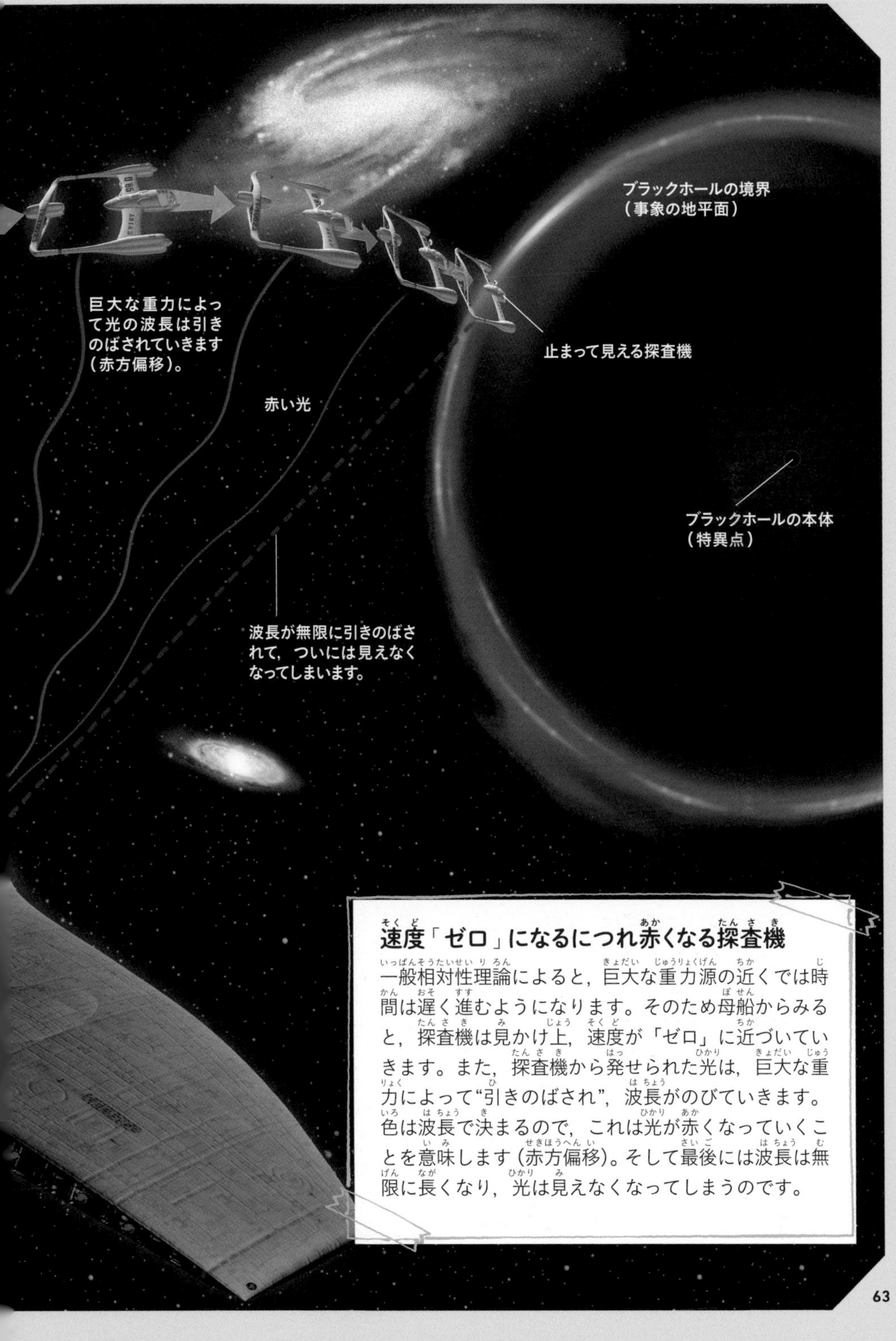

ブラックホールの境界
（事象の地平面）

巨大な重力によっ
て光の波長は引き
のばされていきます
（赤方偏移）。

止まって見える探査機

赤い光

ブラックホールの本体
（特異点）

波長が無限に引きのばさ
れて、ついには見えなく
なってしまいます。

速度「ゼロ」になるにつれ赤くなる探査機

一般相対性理論によると、巨大な重力源の近くでは時
間は遅く進むようになります。そのため母船からみる
と、探査機は見かけ上、速度が「ゼロ」に近づいてい
きます。また、探査機から発せられた光は、巨大な重
力によって"引きのばされ"、波長がのびていきます。
色は波長で決まるので、これは光が赤くなっていくこ
とを意味します（赤方偏移）。そして最後には波長は無
限に長くなり、光は見えなくなってしまうのです。

ブラックホールに
向かう探査機の行方

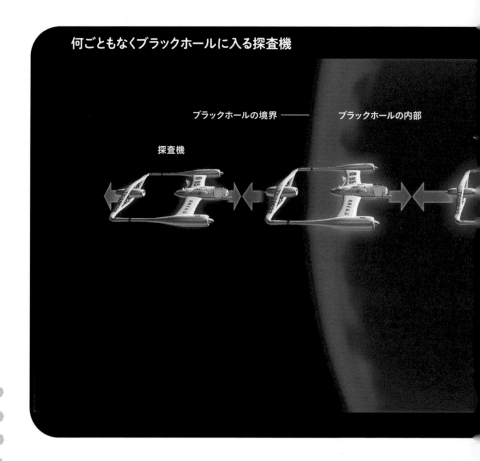

何ごともなくブラックホールに入る探査機

ブラックホールの境界 ——— ブラックホールの内部

探査機

超巨大ブラックホールに接近した探査機を母船から観察すると，探査機はしだいに速度を落とし，ついには止まってしまいます。ではこのとき，探査機に乗る宇宙飛行士は，どのような状況におちいっているでしょうか。

実は，探査機に乗った宇宙飛行士からみると，探査機は何ごともなかったかのように，ブラックホールの境界面を通過し，内部に突入していきます。母船からみるといつまでたっても境界面に到達できない探査機ですが，探査機からみるとあっという間に境界面を通りすぎてしまうのです。

相対性理論によると，時間とはどの観測者に対しても一様に流れているわけではなく，立場によって進み方がちがってくるのです。

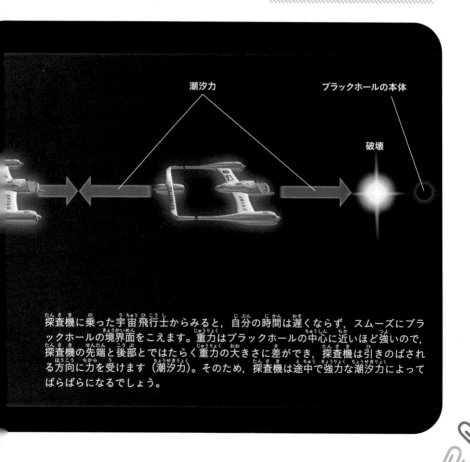

潮汐力

ブラックホールの本体

破壊

探査機に乗った宇宙飛行士からみると，自分の時間は遅くならず，スムーズにブラックホールの境界面をこえます。重力はブラックホールの中心に近いほど強いので，探査機の先端と後部とではたらく重力の大きさに差ができ，探査機は引きのばされる方向に力を受けます（潮汐力）。そのため，探査機は途中で強力な潮汐力によってばらばらになるでしょう。

3

空間の「無」真空の不思議

何もない状態というと，空気がない「真空」をイメージする人も多いでしょう。「無」を考えるうえで，真空の存在は無視できません。実は真空は，意外に身近なところにひそんでいます。また，真空について突きつめて考えると，さまざまな不思議がみえてきます。3章では，そんな真空の不思議にせまります。

『真空』は実在するのか？

古代ギリシャでは，真空は存在しないと考えられていた

　からっぽの無の空間である「真空」。実際には，真空とはどのようなものなのでしょうか？　そして，物質が一つも存在しない「究極の真空」をつくりだすことは可能なのでしょうか？

　実は，真空をつくる技術がないようなはるか昔から，人々は真空の不思議について考えをめぐらせてきました。たとえば，古代ギリシャの哲学者であるアリストテレス（前384～前322）の著作では，真空や物質についての考察に多くの章があてられています。

　アリストテレスをはじめとする古代ギリシャ人は，自然界の物質が土，水，空気，火の「4大元素」からなると考えました。地球は土からなり，そのまわりを海という水の層と空気の層が囲んでいます。空気の層の外側には火の層があり，さらにその外側には天体の世界があるとしたのです。天体の世界は，特別な物質「エーテル」からなる

と考えました。

　アリストテレスは，宇宙はこれらの元素からなる物質で満たされていると考え，真空（空虚）は存在しないと論じました。アリストテレスの著作『自然学』には，真空が存在しないことの論拠が11個もあげられています。

　その後，古代ギリシャ文明は衰退し，哲学者たちの思想の多くは失われました。しかしアリストテレスの著作のいくつかは，アラビア語に翻訳されてイスラム文化圏に伝えられるなどして，運よく保存されました。

　12～13世紀にそれらがヨーロッパに逆輸入されると，アリストテレスの哲学は注目を浴び，その後の数百年はヨーロッパで支配的な思想となりました。つまり，古代や中世のヨーロッパでは，「究極の真空は存在しえない」と考えられていたのです。

アリストテレスによれば，世界は物質で満たされている

アリストテレスら古代ギリシャ人の世界観をえがきました。彼らは，世界は四つの元素からなる物質に満たされていると考え，真空は存在しないと主張しました。この考えは，長い間ヨーロッパで支配的な思想になりました。また，天体の世界を満たす物質のことを「エーテル」と名づけました。

天体の世界
（エーテルからなる）

火

空気

水

土

無の空間を満たす『エーテル』は否定された

光を伝える物質が存在するという考えは，
実験の「失敗」によって説得力を失った

「天体の世界をつくる物質」としてのエーテルは実際には存在しませんでした。しかし，その名前だけは後世に残り，17〜18世紀ごろの学者たちは「光を伝える物質」としてエーテルを復活させました。音が空気を伝わるように，光はエーテルを伝わると考えたのです。

この考えによると，太陽や月からの光が地球に届くので，宇宙空間は膨大な量のエーテルで満たされていることになります。また，地球はエーテルの中を自由に動けるので，エーテルはほとんど感じられないほど希薄な物質でしょう。しかし，光が猛烈に速いことから考えると，エーテルはきわめて固い物質ということになります。光の性質がわかるにつれて，エーテルはどんどんと奇妙な性質をおびていきました。

1887年，アルバート・マイケルソン（1852〜1931）とエドワード・モーリー（1838〜1923）は，エーテルの性質を調べる実験を行いました。二人の装置は「マイケルソン干渉計」とよばれるもので，二つの方向（たとえば東西方向と南北方向）の光速の差をはかるというものでした（右のイラスト）。

しかし，実験してみると光速にちがいはありませんでした。この実験は，「史上最も有名な失敗実験」ともよばれます。これにより，エーテルが光を伝えるという説明は説得力を失いました。

またこの実験によって，観測者が運動していても光速は変わらないという，「光速度不変の原理」が明らかとなりました。これは，エーテル説では説明できません。エーテル説にかわって宇宙のしくみを説明することになったのが，アインシュタインの「相対性理論」でした。この「失敗」によって，マイケルソンは1907年のノーベル物理学賞を受賞しました。

エーテル検出をめざした「マイケルソン干渉計」

マイケルソンとモーリーの実験をえがきました。まず，地球はエーテルで満たされた宇宙空間を運動（公転）していると考えるので，地球上では公転方向と逆向きに，エーテルの"風"が吹きつづけていることになります。すると，エーテルの風に対する角度によって，光の速さは変わるはずです。マイケルソンとモーリーは，光を二つの経路に分ける「マイケルソン干渉計」を用いて，二つの経路で光の速さにちがいがあるかを観測しましたが，速さのちがいは検出できませんでした。この「失敗」が，エーテルの存在の否定につながったのです。

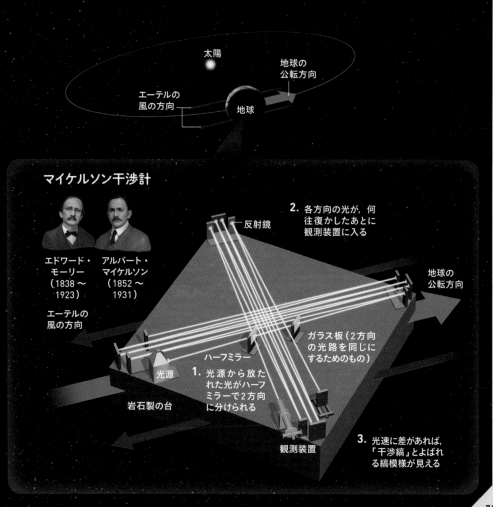

太陽

地球の公転方向

エーテルの風の方向

地球

マイケルソン干渉計

反射鏡

2. 各方向の光が，何往復したあとに観測装置に入る

エドワード・モーリー（1838〜1923）

アルバート・マイケルソン（1852〜1931）

エーテルの風の方向

地球の公転方向

ガラス板（2方向の光路を同じにするためのもの）

ハーフミラー

光源

1. 光源から放たれた光がハーフミラーで2方向に分けられる

岩石製の台

観測装置

3. 光速に差があれば，「干渉縞」とよばれる縞模様が見える

真空の存在は実験で証明された

17世紀のヨーロッパで行われた二つの実験

か つてヨーロッパでは，管の中の空気を抜くことで，井戸から水を吸い上げるポンプが使われていました。"自然が真空をきらう"ことで水が吸い上げられていると考えられていましたが，なぜか約10メートル以上の深さからは，水を吸い上げることができませんでした。

この謎を解き明かしたのがイタリアの物理学者エヴァンジェリスタ・トリチェリ（1608〜1647）です。トリチェリは，大気の重さで井戸の水面が押されるため，管の中の水が持ち上げられるのだと考えました。そして大気の力では，水を10メートルの高さにまでしかもち上げられないのだと考えたのです。

1643年，トリチェリは水の約14倍重い水銀を使った実験でこの考えを確かめ，このとき，ガラス管の上部にはじめて真空がつくられました。また，ドイツの科学者オットー・フォン・ゲーリケ（1602〜1686）も，1654年にトリチェリとはことなる方法で真空の存在を証明する実験を行いました（右のイラスト）。

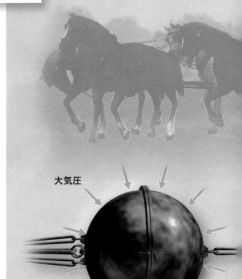

大気圧

銅製の半球

マクデブルクの半球実験

ゲーリケは，銅製の半球二つをねじなどを使わずに，単に向かい合わせて中の空気を抜くことで，半球が外の大気圧によってぴったりとくっついて，はなれなくなることを示しました。そして，半球のそれぞれの側を，8頭ずつの馬で反対方向に引かせても半球がはずれないことを実演してみせました。マクデブルクとは，ゲーリケが市長を務めていた町の名前です。

真空

ガラス管

76センチメートル
（水に換算すると
約10メートル）

水銀
（常温で液体の金属）

大気圧

水銀の
圧力

トリチェリの水銀柱実験

片方が閉じた長さ1メートルのガラス管を水銀で満たし，もう片方の開いた端を容器に入れた水銀につけたまま逆さまに立てると，ガラス管の上部に空洞ができます。この空洞こそが，人類がはじめて目に見える形でつくり出した真空だとされています。

このときガラス管の中の水銀の高さは，容器の液面から約76センチメートルになります。ガラス管の上部に空洞ができるのは，大気が容器の水銀の液面を押す圧力と，ガラス管の中の水銀の柱がその重みで容器の液面を押す圧力がつり合うように，水銀柱の高さが下がるためです。

最新技術がつくる 10兆分の1気圧

「加速器」の中には「超高真空」が広がっている

真空というと，普通は空気がまったく存在しないことを想像するでしょう。しかし，工業的には，1気圧未満の空間はすべて真空とよびます。気圧が低いほど，「真空度が高い」といいます。**地球上で最も高い真空を実現している装置の一例が，素粒子の実験を行う加速器の中です。**たとえば，高エネルギー加速器研究機構の「SuperKEKB」という加速器の中は，10兆分の1気圧という超高真空を実現しています。これは，分子1個を半径1センチメートルのビー玉に置きかえると，1辺約20キロメートルの立方体にビー玉が1個だけあるという計算になります。

SuperKEKBは，1周約3キロメートルのビームパイプ（管）の中で，電子と陽電子（電子と質量などが同じで，電荷が反対の粒子）を衝突させて素粒子のふるまいを観察する装置です。ビームパイプの中によけいな気体分子があると，電子や陽電子とぶつかって実験のじゃまになるため，ビームパイプの中をできるだけ高い真空にしておく必要がががあるのです。

SuperKEKBのような超高真空をつくるには，気体分子と結合しやすいチタンなどの金属を使った板をパイプ内に配置し，そこに飛びこんでくる分子を"待ち伏せ"してつかまえる「ゲッターポンプ」という特殊なポンプを使う必要があります（右のイラスト）。

それでも「完全な真空」はつくりだせません。ビームパイプの内壁には，さまざまな原子や分子がまぎれこんでおり，それらが"蒸発"することでビームパイプの中に入りこんでしまうからです。**人工的な真空の限界は，1000兆分の1気圧程度といわれています。**

また，宇宙空間でも原子や分子がまったく存在しないわけではありません。宇宙で最も真空度が高い場所でも，1立方メートルあたり約1個の原子が存在しているのです。

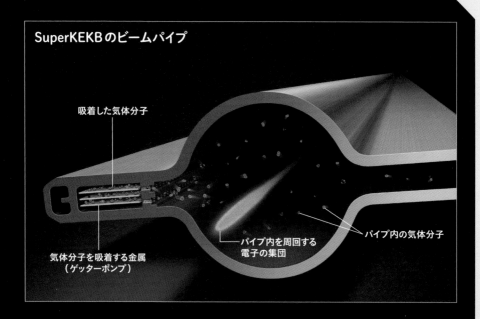

SuperKEKB のビームパイプ

吸着した気体分子

気体分子を吸着する金属
（ゲッターポンプ）

パイプ内を周回する
電子の集団

パイプ内の気体分子

ビームパイプの内壁の表面のようす

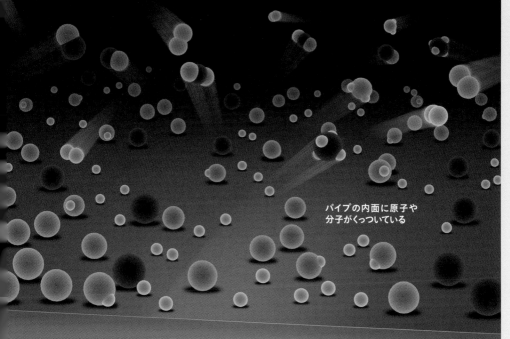

パイプの内面に原子や
分子がくっついている

注：このスケールでみると，実際にはパイプを構成する銅の原子も見えてきますが，
　　ここではくっついている原子などの見やすさのために板状にえがいてあります。

目の前の空気にも真空は存在する？

物質をどんどん細かく分けていくと……

真空と聞くと，私たちの日常生活とはかけはなれたものだと感じるかもしれません。では，部屋の中の空気（1気圧，20℃）について考えてみましょう。

空気は，主に窒素や酸素の分子からできています。その分子は非常に小さく，0.35ナノメートル（ナノは10億分の1）ほどしかありませんが，1立方センチメートルの空間に2.5×10^{19}個（2500兆個の1万倍）も存在しているのです。

しかし，それほどの数が存在していても，分子と分子の間には空間があります。その平均的な距離は数ナノメートルほどで，それは分子サイズの10倍ほどもあることになります。**「物質がない」という意味では，分子と分子の間の空間は真空だといえるわけです。**

また，空気分子が占める体積は，そのほかの部分（つまり真空）の体積の1000分の1ほどにしかなりません。**つまり，空気は実はすかすかで，真空とほとんど差がない，といっても過言ではないのです。**

分子と分子の間に広がる真空

部屋の空気を分子のレベルでみると，窒素分子や酸素分子などが無数に飛びかっています。しかし，それらの分子と分子の間には物は何もありません。つまり，そこは真空だといえるのです。分子が占める体積よりも，何もない空間の体積のほうがずっと広く，私たちは“真空に囲まれている”ともいえるのです。

窒素分子

窒素分子

二酸化炭素分子

酸素分子

分子と分子の間は"真空"

水分子

空間の「無」 真空の不思議

原子の中も
ほぼからっぽの“無”

原子核と電子の間にも無の空間がある

分子間だけでなく，原子そのものをみても，そこには“無”の空間があります。たとえば水素原子は，原子核（陽子）と電子からできていて，原子核のまわりを電子がまわっていますが，原子核と電子の間は,何もない無の空間，つまり真空であるといえます。

では，原子核と電子の間の真空は,どれくらい“広い”のでしょうか。水素原子の大きさ（直径）は，0.1ナノメートルほどで，原子核の直径はその10万分の1ほどです。体積を考えると，原子核が原子の中で占める割合は全体の1000兆分の1ほどしかないのです。しかも電子は大きさがゼロだと考えられています。こうして考えると，原子の中身はほとんどからっぽだといえるのです。

これは，ほかの原子でもほとんど変わりはありません。あらゆる物質は原子でできているので，空気や水,氷や鉄など，この世に存在するすべての物質は，実際には“無”と大差がないといえるのです。

原子核の大きさをサッカーボールだとすると……

イラストは，水素原子の中がどれほどからっぽなのかを実感するためにえがきました。原子核の大きさをサッカーボールの大きさ（直径約20センチメートル）と考えると，大まかにいって，電子は飛行機が飛ぶ高度（約10キロメートル）のあたりにあることになります。原子核と電子の間には何もないので，原子の中はほとんどからっぽだといえるのです。

電子

原子核

水素原子
（直径約0.1ナノメートル）

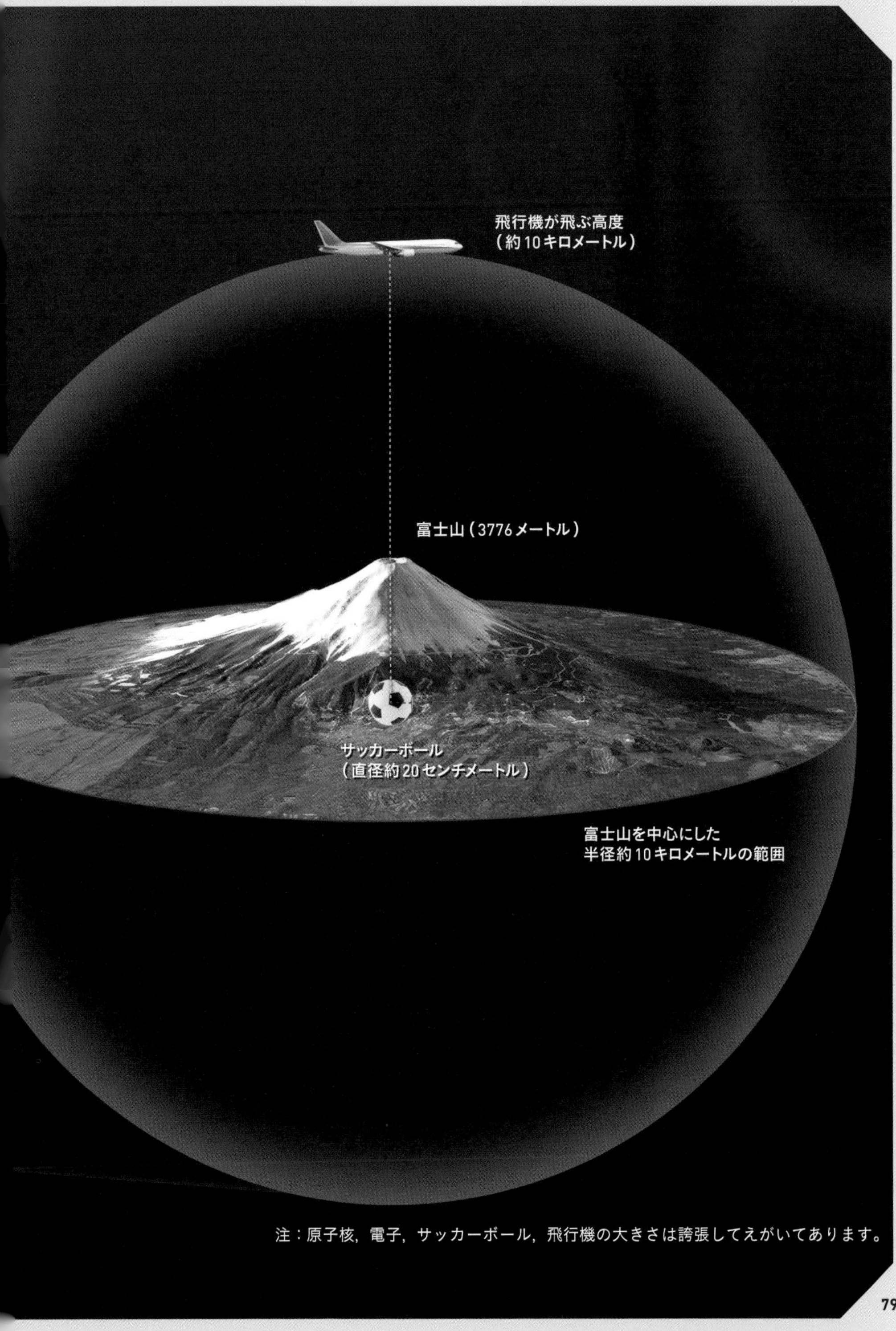

飛行機が飛ぶ高度
（約10キロメートル）

富士山（3776メートル）

サッカーボール
（直径約20センチメートル）

富士山を中心にした
半径約10キロメートルの範囲

注：原子核，電子，サッカーボール，飛行機の大きさは誇張してえがいてあります。

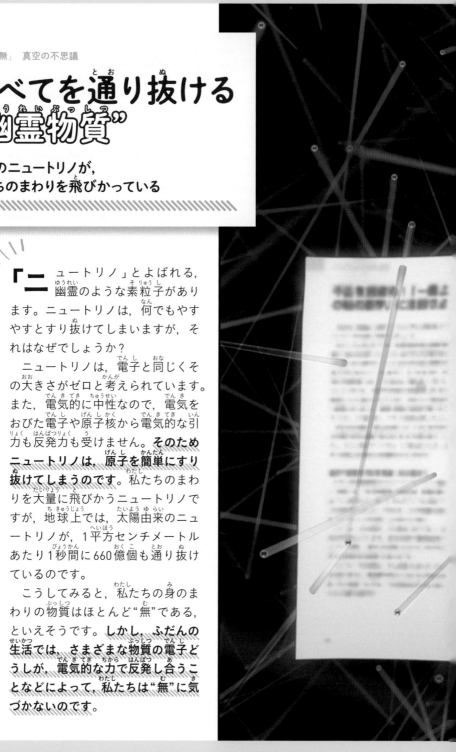

すべてを通り抜ける "幽霊物質"

無数のニュートリノが,
私たちのまわりを飛びかっている

「ニ ュートリノ」とよばれる, 幽霊のような素粒子があります。ニュートリノは, 何でもやすやすとすり抜けてしまいますが, それはなぜでしょうか?

ニュートリノは, 電子と同じくその大きさがゼロと考えられています。また, 電気的に中性なので, 電気をおびた電子や原子核から電気的な引力も反発力も受けません。**そのためニュートリノは, 原子を簡単にすり抜けてしまうのです。**私たちのまわりを大量に飛びかうニュートリノですが, 地球上では, 太陽由来のニュートリノが, 1平方センチメートルあたり1秒間に660億個も通り抜けているのです。

こうしてみると, 私たちの身のまわりの物質はほとんど"無"である, といえそうです。しかし, ふだんの生活では, さまざまな物質の電子どうしが, 電気的な力で反発し合うことなどによって, 私たちは"無"に気づかないのです。

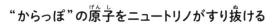

"からっぽ"の原子をニュートリノがすり抜ける

ふだんは気づきませんが，地球には無数のニュートリノが降り注いでいます。その無数のニュートリノは，原子と衝突することはきわめてまれで，私たちの体や，地球でさえもやすやすとすり抜けてしまいます。このことは，私たちの身のまわりの物質（原子）が，ほとんど"からっぽ"であることを教えてくれています。

ニュートリノ

物質のない宇宙空間でも，そこは光に満ちている

何もない宇宙の真空中にも可視光線や電磁波が飛びかっている

宇宙には「ボイド」とよばれる空白領域があります。そこは宇宙で最も物質の存在しない空間です。しかし，そのような真空の宇宙空間であっても，「光」が飛びかっています。

天体が放つ光は，目に見える光（可視光線）だけではありません。電波や赤外線，紫外線，Ｘ線といった，目には見えない光（電磁波）も放たれています。真空の宇宙空間を飛びかう光には，そうした電磁波も含まれています。

宇宙には，宇宙が誕生した直後に放たれた光も飛びかっています。宇宙は，約138億年前に誕生したと考えられています。そのころの宇宙は，灼熱の火の玉のような状態で，光に満ちていました。その光のなごりが，今なお宇宙空間をただよっているのです。この光は，「宇宙背景放射」とよばれています。宇宙には，この宇宙背景放射の光の粒子（光子）が，1立方センチメートルあたりに約410個もあるのです。このように，物質のない宇宙空間であっても，そこは光に満ちているのです。

ちり

ちりに散乱された光

雲間から光の帯が見えるわけ

雲間から，光の帯がのびているのを見たことがあるでしょう。"天使の階段"ともよばれるこの光の帯が見えるのは，空中に浮遊しているちりや水滴などに光が当たり，周囲に反射する「散乱」という現象がおきているためです。

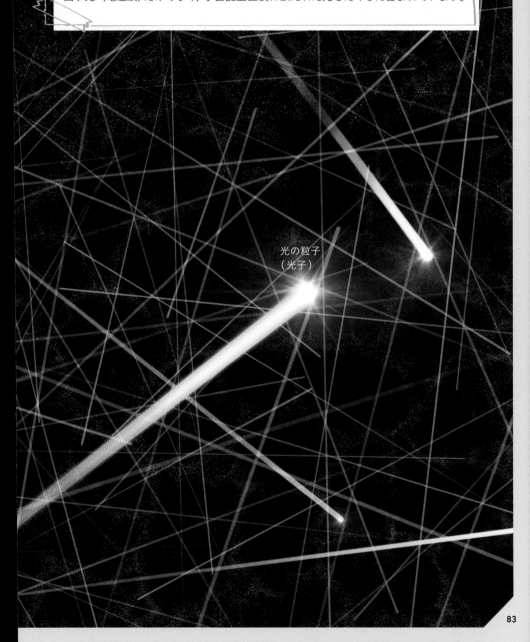

無数の光に満ちた宇宙

無数の光の粒子が宇宙空間を飛びかうイメージです。物質のない宇宙空間であっても，そこは光（電磁波）に満ちており，その光には，宇宙に浮かぶ無数の星や銀河が出す光（電磁波）だけでなく，宇宙誕生直後に放たれた光もたくさん含まれています。

光の粒子
（光子）

真空の宇宙に大量にある，正体不明の見えない物質

正体不明の物質であるダークマターには重さがあり，重力をおよぼす

宇宙には，原子以外の何かでできた，目には見えない未知の物質が大量に存在していると考えられています。その未知の物質は，「ダークマター（暗黒物質）」とよばれています。

ダークマターは光を出さないため，見ることができないばかりか，電磁波でとらえることもできません。普通の物質とぶつかることもほとんどないと考えられています。

では，見えもしないダークマターが，なぜ「ある」と考えられているのでしょうか。実は，ダークマターには重さ（質量）があり，周囲に重力をおよぼします。たとえば，銀河の集まりである銀河団の質量は，個々の銀河の運動速度などから推定することができます。しかし，目に見える物質だけでは銀河団全体の質量をまかなえないのです。そこで何らかの目に見えない物質，つまりダークマターが銀河団に分布していると考えられるようになりました。

宇宙の観測などから推定すると，宇宙には普通の物質の5〜6倍もの質量のダークマターが存在しているとみられています。

銀河を取りまく
ダークマター

84

宇宙には未知の物質が充満している

宇宙の大規模構造
無数の銀河が網目状に分布した巨大な構造。ダークマターが大量に含まれていると考えられています。

ダークマターの粒子

真空とはほんとうに何もない空間なのか？

真空は影の電子で埋めつくされている？

これまで真空とは「からっぽの空間」と表現してきました。しかしイギリスの物理学者ポール・ディラック（1902〜1984）は1929年，真空のイメージを根底からくつがえす理論をつくりだしました。真空は"影の電子"（エネルギーがマイナスの電子）ですきまなく埋めつくされている，というのです。

人が空気をほとんど意識しないように，空間のすべてを埋めつくす"影の電子"は観測できません。「どこにでもある」は「どこにもない」と区別できない，というわけです。

ディラックはこの真空のイメージを使い，陽電子（反電子）の存在を予言しました。陽電子は電子とそっくりですが，電子と正反対の正電荷をもつ素粒子です。ディラックは，陽電子を"真空にあいた穴"と考えました。影の電子が一つ抜けると，その穴は一つの粒子のように動きまわり，私たちには粒子としてみえるはずだと考えたのです。

量子論登場前の真空のイメージ
原子などすべての物を取り除いたあとに残るからっぽの空間。

ディラックの真空

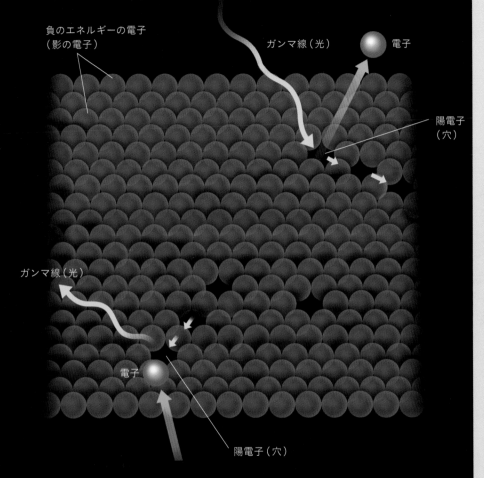

負のエネルギーの電子
（影の電子）

ガンマ線（光）　　電子

陽電子
（穴）

ガンマ線（光）

電子

陽電子（穴）

ディラックの真空のイメージ

ディラックは真空を，見ることができない"影の電子"（エネルギーがマイナスの電子）で埋めつくされている，と考えました。そして陽電子（反電子）を影の電子が「空間から抜けた穴」として説明しました。穴である陽電子は空間を自由に動けるので私たちはそれを「粒子」として観測する，というわけです。

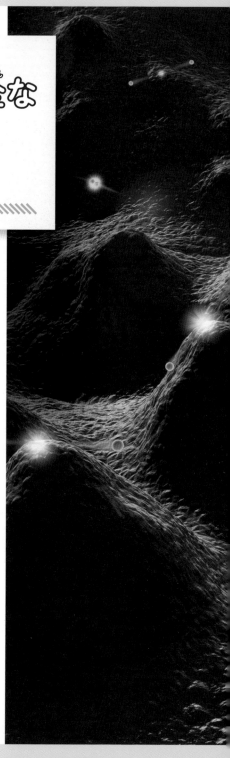

真空といえども完全な『無』ではない！

粒子と反粒子が生まれたり消えたりしている

　前ページでみたディラックの主張した真空像は，現在では否定されています。しかし，陽電子は1932年，実際に宇宙線（宇宙からやってくる高エネルギー放射線）の中から発見されました。そして「真空はからっぽではない」という真空のイメージは現代物理学でも形を変えて受けつがれています。ディラックの真空像は，その後の物理学に大きな影響をあたえたのです。

　では，現代物理学の真空のイメージとは，どんなものでしょうか。

　真空を素粒子レベルでみると，粒子と反粒子（たとえば，電子と陽電子）が対になって，生まれたり消えたりしているといいます。この現象は，「対生成」と「対消滅」とよばれます。これは，真空が完全なる「無」（素粒子がゼロの状態）になれないことを意味しているのです。

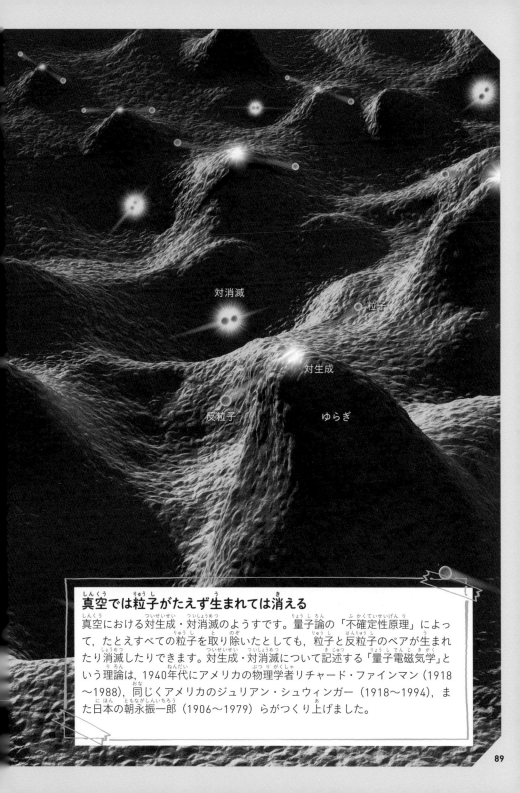

対消滅

粒子

対生成

反粒子

ゆらぎ

真空では粒子がたえず生まれては消える

真空における対生成・対消滅のようすです。量子論の「不確定性原理」によって，たとえすべての粒子を取り除いたとしても，粒子と反粒子のペアが生まれたり消滅したりできます。対生成・対消滅について記述する「量子電磁気学」という理論は，1940年代にアメリカの物理学者リチャード・ファインマン（1918〜1988），同じくアメリカのジュリアン・シュウィンガー（1918〜1994），また日本の朝永振一郎（1906〜1979）らがつくり上げました。

陽子の中は "過密な真空"!?

たくさんのクォークが生成と消滅をくりかえしている

陽子内部は仮想粒子が充満している

水素原子の中央には原子核として陽子が1個あり，陽子の中には2個のアップクォークと1個のダウンクォークがありますが，陽子の内部では，たくさんの仮想粒子があらわれては消えていると考えられています。グルーオンやクォーク・反クォークのペアは，「量子ゆらぎ」によって生じているはかない存在で，一瞬のうちにあらわれては消えてしまいます。

仮想粒子を含めてえがいた陽子の内部

陽子の内部には，アップクォークとダウンクォーク以外にも無数の仮想粒子が生まれては消えています。アップクォークやダウンクォークの間に，グルーオンという粒子が飛びかい，アップクォークやダウンクォークがばらばらにならないよう結びつけています。なおグルーオンは，クォーク間を結びつける「強い力」を伝えるので，イラストでは，クォーク間を結ぶ帯のようにえがいています。

代表的な粒子だけをえがいた陽子の内部
陽子は2個のアップクォークと，1個のダウンクォークからなる。

ダウンクォーク

アップクォーク

アップクォーク

陽子
（水素の原子核）

電子

水素原子

陽子や中性子は、「クォーク」とよばれる素粒子からできています。クォークは、大きさゼロだと考えられている粒子なので、陽子や中性子の中身もほとんどからっぽであり、クォークとクォークの間の空間は、ある種の"真空"だといえます。

しかしこの"真空"では、無数の仮想粒子たちが生成と消滅をくりかえしています。奇妙なことに、無数の仮想粒子がひしめく"過密な空間"であるにもかかわらず、仮想粒子は「不確定性原理」の範囲内だけで存在するはかない粒子なので、そこはあいかわらず"真空"なのです。なんだか屁理屈のようですが、これらがあるおかげで、原子核は形を保つことができると考えられています。

クォークは、「グルーオン」とよばれる仮想粒子をたえず放出・吸収しているといいます。陽子や中性子の中のクォークを結びつけている力は「強い力」とよばれ、グルーオンの作用によって生じています。

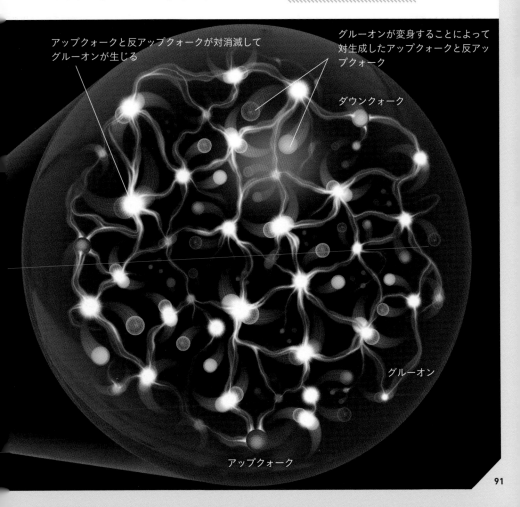

アップクォークと反アップクォークが対消滅してグルーオンが生じる

グルーオンが変身することによって対生成したアップクォークと反アップクォーク

ダウンクォーク

グルーオン

アップクォーク

真空には『場』が満ちている！

何もない空間にもさまざまな場が重なって存在している

　光が波，つまり振動だとする場合，光は「電磁場（物体に電磁気力がはたらく空間）」という「場」の振動だといいます。空間には電磁場が満ちていて，光は電磁場の振動として伝わると考えるのです。

　からっぽにみえる空間でも，電荷や磁石を置いてみてそれらが電磁気力を受けたら，実はそこに電磁場があることがわかります。また，電磁場自体はつねに存在していると考えられています。

　一方，量子論では，光は「光子」という粒が飛ぶことによって伝わると考えます。どちらの見方でも，光の性質を正しく記述することができます。量子論では，光子などあらゆる素粒子（物質を構成する最小単位の粒子）にそれぞれ対応する場があると考えます。それらの場の振動が，さまざまな粒子として観測されるのです。これらの場を空間から取り去ることはできません。つまり，量子論の見方では，からっぽで「無」にみえる空間には，実はさまざまな素粒子に対応する場がいくつも重なって存在していることになります。

それぞれの場は独立ではなく，たがいに影響をおよぼし合っています。イラストでは，このことをバネのつながりで表現しました。

真空の空間

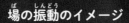

場の振動のイメージ

素粒子の種類によって
ことなるさまざまな場

空間に満ちた「場」の中を振動が伝わっていく

量子論にもとづくと，さまざまな粒子にはそれに対応する「場」が存在
し，その振動が粒子として観測されるといいます。場は粒子が存在しな
いときでも消えることはなく，つねに空間を満たしています。つまり，
無にみえる空間にも，つねに場が満ちていると考えられるのです。

93

真空中の2枚の金属板が勝手に近づいた！

真空のエネルギーを実験で実証した「カシミール効果」

真空にはエネルギーがあるといいます。真空から光を完全に取り除いたとしても，真空には，「零点振動」とよばれる特殊な"光"（電磁場の振動）が残るというのです。量子論によると，電磁場の振動を完全にゼロにすることはできず，どうしても微小なゆらぎ（零点振動）が残ってしまうため，そのような"光"によって，真空はエネルギーをもつことになるのです。

この不思議な「真空のエネルギー」の存在は，実験によって確かめられています。真空中に金属板を2枚，少しだけはなして置くと，金属板どうしがひとりでに引き寄せ合うというのです。この現象は「カシミール効果」といい，1948年にオランダの物理学者のヘンドリック・カシミール（1909～2000）によって予言されました。

金属板の間では，金属板どうし

の間隔に応じて，ある限られた振動数の"光"（定常波）しか存在できなくなります。これは，バイオリンの弦が特定の振動数でのみ振動することに似ています。つまり，まったく同じ体積の空間であっても，金属板ではさまれた場合とそうでない場合とはことなった状態になっているのです。

ここで，前者の場合と後者の場合とで真空のエネルギーの差を理論的に計算すると，金属板に引力がはたらいているということがみちびかれるのです。**これがカシミール力で，金属板の間隔がせまくなるほど，この力は急激に大きくなります。**

カシミール効果は真空のエネルギーが存在しないとおきません。カシミール効果が実験で確認されたことで，真空のエネルギーの存在が証明されたのです。

金属板ではさまれた空間では，特定の波長の光しか生じない

金属板にはさまれない空間では，あらゆる波長の"光"が生じるのに対して，はさまれた空間では特定の波長の光しか生じません。金属板上では，零点振動の"光"（電磁場）はゼロでなければならないため，金属板の間では，"光"の半波長の整数倍と，金属板の間隔がぴったり一致する"光"しか存在できません。このような波を「定常波」といいます。

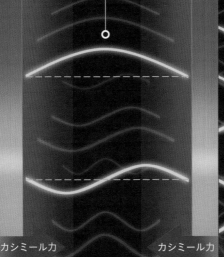

カシミール力　　　　カシミール力

実験で実証された「カシミール効果」

2枚の金属板の間で静電気を完全になくしても，金属板どうしを近づけるだけで引力（カシミール力）が生じます。金属板の間では，存在できる光の振動数に制限がつくため，金属板どうしに引力がはたらいたようにみえるのです。カシミール力はとても小さな力のため，金属板どうしをふれ合わせずに，ぎりぎりまで近づけないと検出できません。その大きさは，たとえば，金属板の間隔を10ナノメートル（ナノは10億分の1）まで近づけたとき，やっと1気圧になる程度です。

身近で実感できる 0の大切さ

柔道や剣道, あるいは将棋や碁で, その強さをあらわすのに, 私たちは「段」や「級」を使います。「段」は数が増すにつれて強さが増しますが, 「級」は逆に弱くなっていきます。

高層ビルなどは「…, 3階, 2階, 1階, 地下1階, 地下2階, 地下3階, …」となっています。

このような数の数え方で何も問題はないようにみえます。しかしたとえば, 地上3階から地下2階へは何階分下りるかを計算してみましょう。地上3階(3)から地下2階(−2)を引くと, 「3−(−2)＝5」となり, 答えは「5階分」ですが, 実際には4階分です。

これは, 間に「0階」が入っていないことが原因です。**つまり,「−3」が数として認められていても,「3」と「−3」の平均値である「0」が数と認められていないと不便だということです。これが「0」のもう一つのはたらきです。**

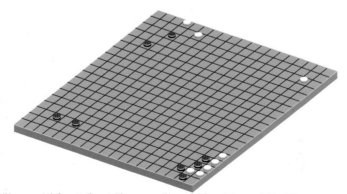

日本では, 将棋や囲碁, 武道などで「段」と「級」が強さの基準に使われます。「初段(＝1段), 2段, 3段, 4段, …」と強さが増しますが, 「1級, 2級, 3級, 4級, …」と順に弱くなります。いいかえれば, 「…, 4, 3, 2, 1, −1, −2, −3, −4, …」と並んでいることになります。将棋の5段と2級とは何階級力がちがうかというと, 「5−(−2)＝7」ではなく, 6階級の差になります。

3階

2階

1階

地下1階

地下2階

1

2

3

4

地上3階から地下2階に下りるときの階数の差は，3－（－2）と計算したくなりますが，これで計算すると1階分多くなってしまいます。ビルの場合，0階にあたる階がないからです。0がないと，ちょっとした計算もややこしくなってしまいます。

4

宇宙を生んだ『究極の無』

宇宙はどのようにして生まれたのでしょうか？　1980年代，宇宙のはじまりの瞬間を説明するシナリオが考えられました。それによると，私たちの宇宙は，時間も空間も何もない「無」から生まれてきたといいます。いったいどういうことでしょうか？

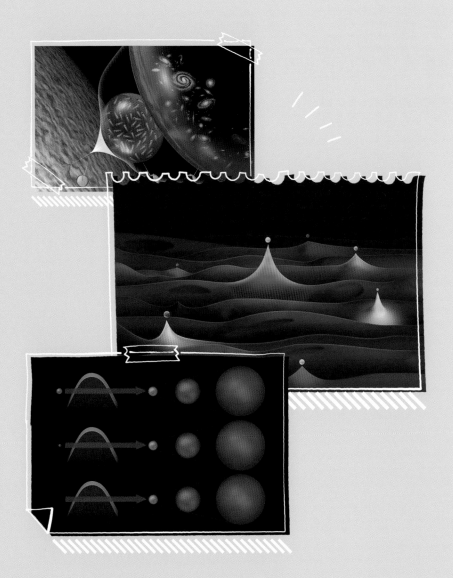

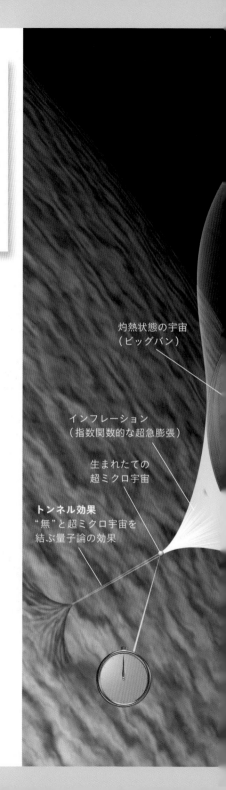

灼熱状態の宇宙
（ビッグバン）

インフレーション
（指数関数的な超急膨張）

生まれたての
超ミクロ宇宙

トンネル効果
"無"と超ミクロ宇宙を
結ぶ量子論の効果

宇宙を生んだ「究極の無」

宇宙誕生の謎を解く『究極の無』

空間も時間さえもない"無"から生まれた宇宙

人類永遠の謎である宇宙のはじまりに関する疑問に対し，大きな波紋を投げかける論文が1982年に発表されました。アメリカ，タフツ大学のアレキサンダー・ビレンキン博士（1949〜）の論文「無からの宇宙創生」がそれです。

ビレンキン博士は，物質どころか空間も時間さえもない，「大きさゼロ」の"無"から宇宙は生まれたというのです。そして，生まれたての宇宙は原子や原子核よりもはるかに小さかったのですが，その超ミクロ宇宙が膨張することによって，広大な宇宙になったというのです。

ビレンキン博士のこの発想は，素粒子の真空からの生成にヒントを得ています。量子論によると，たとえ真空であっても「何もない」ままという状態は許されません。同じように，空間さえないという"無"もそのままではいられない，というわけです。

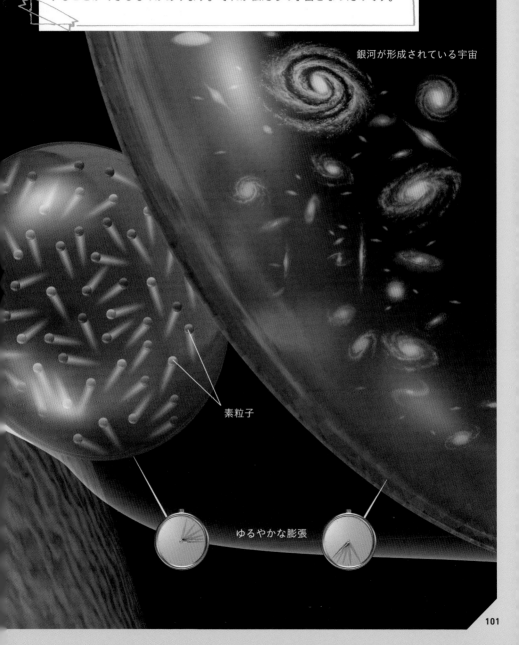

無からの宇宙創生のイメージ

空間も時間もない"無"もたえずゆらいでおり，超ミクロな宇宙が生まれてはすぐに収縮して消えています（イラストでは波打つ水面で表現しました）。そのような超ミクロな宇宙の中には，運よく膨張（インフレーション）することができるものがあります。それが私たちの宇宙となったのです。

銀河が形成されている宇宙

素粒子

ゆるやかな膨張

宇宙を生んだ「究極の無」

宇宙は
永久不変ではない

それまでの常識をくつがえした
アインシュタインの「一般相対性理論」

アルバート・アインシュタイン
（1879 〜 1955）

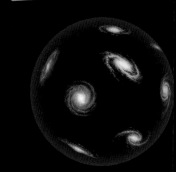

宇宙

ドイツ生まれの物理学者アルバート・アインシュタインが発表した「一般相対性理論」によって，それまでの宇宙観は大きく転換しました。**アインシュタインによれば，宇宙空間は永久不変のものではなく，空間内にある物質が，その質量に応じて周囲の時空をゆがめるというのです。**

宇宙空間がそれぞれの場所ごとに，物質の影響を受けて変形しうるのなら，宇宙空間全体は，これまでどのような変化を経てきたのでしょうか？ アインシュタインは一般相対性理論の方程式を宇宙空間全体にあてはめて計算を行いました。**すると，宇宙空間はずっと同じ大きさを保っているわけではなく，全体として膨張したり，収縮したりする可能性が出てきたのです。**

みずからが示した宇宙の姿をきらったアインシュタインですが，それに対して「変化する宇宙」を素直に受け入れたのが，ロシアの数学者，アレクサンドル・フリードマン（1888 〜 1925）です。

アインシュタインの宇宙項

宇宙が永久不変と信じていたアインシュタインは，当初，一般相対性理論の基礎方程式にむりやり，宇宙がちぢまないような「反発力（斥力）」を意味する「宇宙項」を加えました。しかしその後，エドウィン・ハッブル（1889 〜 1953）の銀河の観測結果から，宇宙が膨張していること，つまり静的でないことが明らかになると，アインシュタインは誤りを認め，方程式から宇宙項を撤回しました。

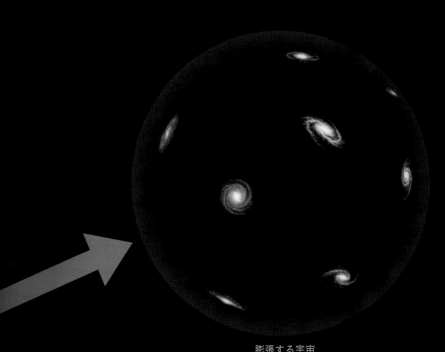

膨張する宇宙

収縮する宇宙

宇宙空間は膨張したり収縮したりしうる

宇宙そのものが膨張したり，収縮したり，ゆがんだりする可能性があると
いう，一般相対性理論の新しい概念は，宇宙の"一生"を探求する研究の流
れを生みました。イラストでは，宇宙空間の変化をわかりやすくあらわす
ために，宇宙空間を2次元的に（球の表面として）えがいています。

時間をさかのぼると，宇宙は『点』に近づく

一般相対性理論だけでは説明できない宇宙のはじまり

一般相対性理論だけでは手に負えない宇宙のはじまり

一般相対性理論をもとに考えると，宇宙のはじまりは「特異点」という，時間と空間のゆがみが無限大となる一つの点になります。イラストは，特異点を出発点にして，時間を経るごとに膨張して大きくなる宇宙（球の表面）のイメージです。特異点においては物理学の計算が破たんしてしまうため，宇宙のはじまりを科学的に解き明かすことができなくなってしまいます。

時間の流れ →

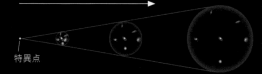

特異点

フリードマンが提案した膨張する宇宙モデル

上は，アレクサンドル・フリードマンが一般相対性理論の方程式からみちびいた宇宙モデルのイメージです。誕生からずっと，宇宙は膨張をつづけています。フリードマンは一般相対性理論をもとにして，過去から未来に向けて宇宙空間がどのように変化するのかを計算しました。膨張をつづけるモデルや，いずれ収縮するモデルなど三つの宇宙モデルをみちびきましたが，いずれの宇宙モデルでも，過去にさかのぼると宇宙空間はつぶれて1点になってしまい，それは「特異点」であることがわかったのです。

イ　ギリスの物理学者ロジャー・ペンローズ博士（1931〜）は1970年，フリードマンの宇宙モデルに限定せず，より一般的な状況で宇宙の時間を過去にさかのぼっていったときの宇宙空間のちぢみ方を研究しました。そして，「一般相対性理論で考えるかぎり，膨張する宇宙を過去にさかのぼっていくと，最終的に宇宙は特異点とよばれる1点につぶれてしまわざるをえない」という結論を出したのです（特異点定理）。

宇宙の過去が特異点に行き着くというこの定理は，物理学者たちを大いに悩ませました。なぜなら，特異点においては物理学の計算結果が無限大になり，破たんしてしまうからです。このため，この点から宇宙がはじまったと考えると，宇宙が誕生した瞬間のようすを解き明かすことができなくなります。

つまり，一般相対性理論だけで考えるかぎり，宇宙誕生の瞬間を解明することはできないのです。

ビッグバンよりあとの時期の宇宙

ビッグバン期の宇宙

特異点（宇宙のいちばん最初）

アレクサンドル・フリードマン
（1888 〜 1925）

宇宙そのものが，生まれては消えていた？

高エネルギーの粒子の対生成・対消滅の中から宇宙は生まれた

宇宙誕生のころには宇宙の存在自体がゆらいでいた？

1960年代，アメリカの物理学者ジョン・ウィーラー（1911〜2008）は，10^{-33}センチメートル程度より小さな極小の領域では，時空それ自体の存在が大きくゆらいでいるだろう，という考えを提案しました。宇宙のはじまりが，これくらいのサイズでおこったとすると，宇宙の存在自体がゆらいでいたのではないか，と考えられるのです。

瞬間的に高まるエネルギーが粒子を生む

下のイラストは，真空中で粒子が対生成・対消滅をしているイメージです。量子論によると，ごく短い時間に限ってみれば，もともとそこになかったような非常に高いエネルギーをもつ場所があらわれる可能性があります。この高いエネルギーが質量をもった粒子にかわり，粒子が対生成されるのです。ペアになって生まれてくるのは，粒子と反粒子（パートナーの粒子とは質量が同じで電荷が正反対の粒子）です。

一般相対性理論とあわせて必要になるのが「量子論」です。量子論によると，私たちが認識できないごく短い時間（10⁻²⁰秒程度以下）では，物質が「ある」「ない」という存在自体も定まらなくなる（ゆらいでいる）といいます。何もないはずの真空中でも，二つの粒子がペアになって生まれたり（対生成），消滅したり（対消滅）するというのです。

空間のエネルギーも，ごく短時間でみると場所ごとの大きさは一つに定まることがなく，非常に高いエネルギーをもつ場合もあります。

相対性理論によると，エネルギーは物質の質量に転換できるため，瞬間的に高いエネルギーをもった場所では，エネルギーが粒子にかわり，粒子が対生成と対消滅をくりかえします。この対生成・対消滅と同じようなことが，宇宙が誕生するときにもおこっていたようなのです。私たちの宇宙は，そのような宇宙の"卵"の中から生まれたといわれます。

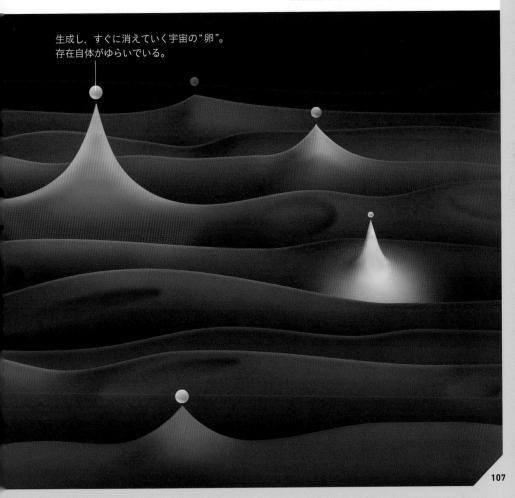

生成し，すぐに消えていく宇宙の"卵"。
存在自体がゆらいでいる。

107

無から宇宙が生まれるしくみ

エネルギーの山をこえる「トンネル効果」が，宇宙の誕生に役立った

生まれたり消えたりをくりかえす宇宙の卵が私たちの宇宙の姿になるためには，急激に膨張しなければなりません。ビレンキン博士は宇宙の卵の運命は，その大きさにかかっていると考えました。

　すなわち，小さければ宇宙の卵はすぐにつぶれ，はかない運命をたどります。しかし大きければ急激に膨張します。宇宙の卵が，自然に急膨張を開始できるサイズまで大きくなるには，その過程で大きなエネルギーが必要です。つまり"エネルギーの山（障壁）"をこえなくてはならないのです。

　このときに考えられるのが「トンネル効果」です。トンネル効果とは，瞬間的に非常に大きな運動のエネルギーをもった"スーパー粒子"が，本来はこえられないはずの高い"山"をこえて，"山"の向こう側に行くことができることです。

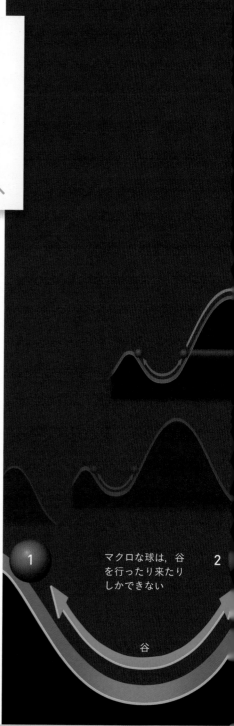

マクロな球は，谷を行ったり来たりしかできない

1

2

谷

こえられないはずの"山"をこえるミクロな粒子

球が，ある高さから谷に向かって，ころがり落ちる運動を考えましょう（1）。谷の底まで落ちた球は，もといた場所と同じ高さまで上がっていきますが（2），ふたたび谷にころがり落ちて，結局谷を行ったり来たりすることになります。右側の山をこえることはできません。この運動は，マクロな世界（私たちがふだん目にする大きなサイズの世界）でもよくみられる普通のものです。しかし，ミクロな世界では，粒子が瞬間的に高い運動エネルギーをもち，山の向こう側に行き着くことができる場合があるのです（3）。これが「トンネル効果」です。

山

トンネル

3

ミクロな粒子は，瞬間的に高いエネルギーを得て，山の反対側に行き着くことがある（トンネル効果）

大きさゼロの宇宙の卵が急成長

超ミクロな世界でおこる量子論的な不思議の世界

宇宙の卵が，急膨張する宇宙に転じるには，最低でもどれくらいの大きさが必要でしょうか。大きさをどんどん小さくしていったら，何がおこるでしょうか。思考を重ねた結果，ビレンキン博士はおどろくべき結果を得たのです。なんと，宇宙の卵の大きさがゼロであってもトンネル効果がおこる確率はゼロではなかったのです（3）。むしろゼロにしたほうが計算は単純になりました。

この結論から1982年，ビレンキン博士は，私たちの宇宙は空間も時間も何もない「無」から生まれた，という仮説「無からの宇宙創生」を発表しました。

この無はたえずゆらいでおり，超ミクロな宇宙が生まれてはすぐに収縮して消えます。しかし超ミクロな宇宙の中には，トンネル効果によって運よく膨張（インフレーション）できるものがあり，その宇宙が私たちの宇宙になったと考えられるのです。

トンネル効果が
おきうる

エネルギーの高い
"山（障壁）"

1.

宇宙の卵

トンネル効果が
おきうる

エネルギーの高い
"山（障壁）"

2.

より小さい
宇宙の卵

"無"からもトンネル
効果がおきうる！

エネルギーの高い
"山（障壁）"

3.

大きさゼロの
宇宙の卵＝"無"

ビレンキン博士は，オランダの
天文学者ウィレム・ド・ジッタ
ー（1872 ～ 1934）が提案した宇
宙モデルを出発点にして，宇宙
誕生の瞬間について考えをめぐらせました。ド・ジッターの
宇宙モデルとは一般相対性理論をもとにみちびかれたもの
で，「ある大きさまで収縮した宇宙がその後，膨張に転じる」
というものです。この膨張に向かう宇宙と"無"を，トンネル
効果を使ってつなげよう，とビレンキン博士は考えたのです。

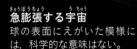

急膨張する宇宙
球の表面にえがいた模様に
は，科学的な意味はない。

宇宙を生んだ「究極の無」

宇宙のはじまりは，特別な場所か？

虚数時間によって特異点を回避することができた

ホーキング博士は，宇宙誕生の瞬間やブラックホールについて思考するときには，量子論の効果を積極的に取り入れてきました。また，「宇宙がなぜ今ある姿になったのか」という問いに対して，「偶然」を持ちだすことをきらいました。

虚数時間がもたらした，なめらかな宇宙のはじまり

イラストは，一般相対性理論のみからみちびかれた宇宙誕生モデル（左）と，量子論を取り入れてみちびかれた宇宙誕生モデル（右）の"形"をくらべたものです。宇宙のその時々の空間をあらわす輪を，下から順に積み上げていったイメージです。一般相対性理論のみからみちびかれたモデルでは，宇宙のはじまりが特異点↗

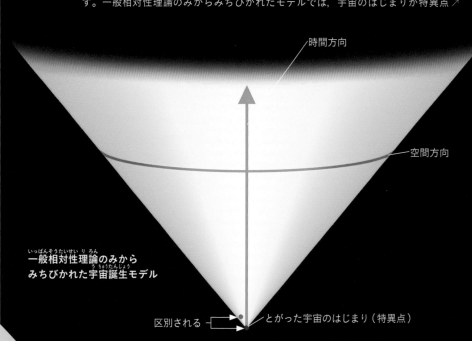

時間方向

空間方向

一般相対性理論のみから
みちびかれた宇宙誕生モデル

区別される ← とがった宇宙のはじまり（特異点）

宇宙のはじまりを特異点とすると，物理学の計算が破たんしてしまうため，宇宙誕生の瞬間を解明することができませんでした。

　ところが，「無境界仮説」によると，宇宙が生まれたときに「虚数の時間」が流れていたとすると，宇宙のはじまりの特異点が回避できるといいます。

　空間の中は自由に行き来できますが，時間は過去から未来への一方向にしか進めません。このことからわかるように，私たちがふだん使う実数時間の世界では空間と時間のあつかいはことなります。ところが虚数時間が流れる世界では，計算上，空間と時間を同じレベルであつかえるといいます。

　宇宙のはじまりで空間と時間が同等になると，宇宙のはじまりは計算不可能な特別な点（特異点）ではなくなり，ほかの時期の宇宙と何ら区別されない，ということになります。

　このことは，南極点は地球の南端（宇宙のはじまりに相当）だが，地球上のほかの点（宇宙のはじまり以外に相当）と変わったところのない場所であるという考え方に似ています。

↗というやっかいな点になってしまい，宇宙誕生の瞬間を物理学的に計算すると破たんしますが，量子論を取り入れたモデルでは，虚数時間が宇宙誕生の瞬間に導入されたことで，空間と時間の区別はなくなり，底の形がなめらかになります。こうなることで，宇宙のはじまりはほかの時期と何ら区別されるものではなくなりました。この結果，宇宙誕生を解き明かす望みがつながれたのです。

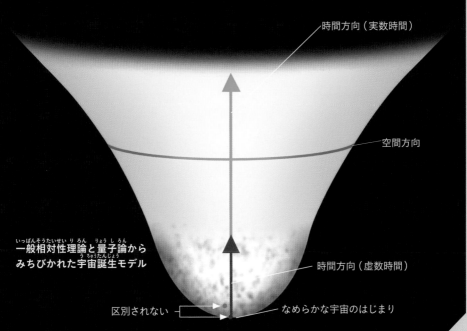

時間方向（実数時間）

空間方向

一般相対性理論と量子論から
みちびかれた宇宙誕生モデル

時間方向（虚数時間）

区別されない　　なめらかな宇宙のはじまり

「究極の無」を考えない宇宙誕生のシナリオ

宇宙の急激な膨張は，膜どうしの衝突によっておきる？

くりかえされる膜の衝突

高次元空間に浮かぶ二つの膜（ブレーン）が衝突をくりかえすイメージをえがきました。私たちの宇宙はずっと前から存在していて，輪廻転生を永遠にくりかえしているのかもしれません。

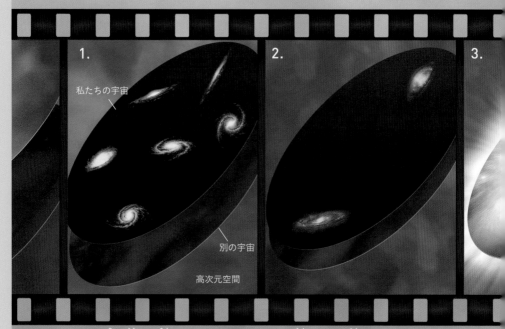

1.

私たちの宇宙

別の宇宙

高次元空間

2.

3.

となり合う二つの膜
私たちの宇宙は，高次元空間に浮かんだ膜だと「ブレーンワールド仮説」では考える。そして，もう一つの別の膜がはなれて存在しているかもしれない。

膜どうしが近づいていく
ことなる宇宙である膜どうしが引き合い，接近していく。

宇宙にはじまりはなく，誕生と終焉（膨張と収縮）をくりかえしているとする考え方もあります。

宇宙論の一つであるブレーンワールド仮説によると，私たちの住む宇宙は，高次元空間に浮かぶ「ブレーン」とよばれる膜のようなものだと考えられるといいます。高次元空間には，私たちの住むブレーンのほかにも，まったく別の膜が浮かんでいる可能性があります。その膜は，ことなる物理法則に支配された別の宇宙なのかもしれません。

そうした二つの膜どうしがたがいに接近・衝突したときに，宇宙が高温・高密度の状態（ビッグバン）になり，膨張していくという仮説があります。「エキピロティック宇宙論」です。膜どうしの衝突の膨大なエネルギーが"生まれ変わり"を引きおこす，と考えるのです。このような膜の運動によって，宇宙は誕生と終焉を永遠にくりかえしていると考えると，「無」から宇宙が誕生したというシナリオは考えなくてよいことになります。はたして宇宙のはじまりには「究極の無」があったのでしょうか？　なかったのでしょうか？

膜どうしが衝突する
引き合った膜どうしが衝突し，そのエネルギーによって宇宙が高温・高密度状態（ビッグバン）になり，膨張していく。

膜どうしがはなれる
衝突後，二つの膜は遠ざかる。そしてふたたび引き合っていくと考えられる（1にもどる）。この間，宇宙に物質，星，銀河ができていく。

5

『存在する』とは何か

量子論は，物質を構成する粒子や光などが，どのようにふるまうかを解き明かす理論です。この理論は，「物の存在」について，それまでの常識を根底からくつがえしてしまいました。この章では，量子論がみちびきだす不思議な世界を探求します。

あなたの存在は『力』を通して確認できる

"ほぼ無"のあなたにさわれるのは，原子の「反発力」のおかげ

電子どうしの反発が，握手を成立させている

原子の表面には電子が分布しています。イラストでは，電子の存在する領域を半透明の殻としてえがきました。電子はマイナスの電気をおびているため，原子（電子の殻）が接すると，反発力が生じます。この反発力のおかげで，手と手はすり抜けず，握手が成立するのです。

皮膚が接する部分を拡大

あなたがだれかと握手する場合，あなたの手の表面の原子と，別の人の手の表面の原子が接することになります（イラスト右）。

原子は全体でみると電気的に中性ですが，原子どうしが接すると，表面の電子どうしが接近することになります。電子はマイナスの電気をおびているので，おたがいに反発し合います。これが手と手が接触している面全体でおきるため，手と手はすり抜けることなく，握手ができるわけです。

これと同じことは，リンゴを持つときのリンゴと手の表面，立っているときの地面と靴の裏など，物体どうしが接触しているいたるところでおきています。

ここからわかるのは，何かが存在するかどうかは「力（相互作用）をおよぼすかどうか」で判断することができるということです。たとえば，宇宙には，正体不明の物質「ダークマター」が大量に存在すると考えられています。ダークマターは見えず，さわることもできませんが，周囲の天体に「重力（万有引力）」をおよぼすため，存在が確実視されています。

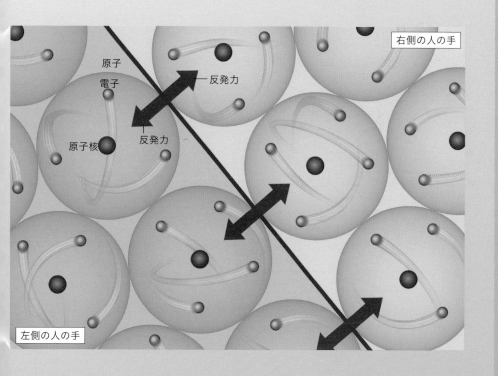

右側の人の手

原子
電子
反発力
原子核
反発力

左側の人の手

電子の存在は きわめてあいまい

粒子である電子は波でもあるため, その位置を特定できない

　高性能の真空ポンプで部屋の空気をできるだけ抜き，電子が1個だけになったとしましょう。この部屋の中は「有」でしょうか，それとも「無」でしょうか。普通に考えれば，この部屋は有の空間だといえるでしょう。電子は目に見えないほど小さいだけで，存在していることに変わりはありません。たとえば，野球ボールがあるのと大差ないように思えます。

　しかし量子論によれば，電子のようなミクロな粒子の「存在」は，野球ボールがそこに「ある」のとはやや意味がちがうというのです。

　電子は，1897年に発見されて以来，小さな粒（粒子）であると考えられてきました。しかし量子論によれば，電子は粒子であると同時に，波としての性質ももっているといいます。実際に電子は，波どうしが強め合ったり弱め合ったりする，「干渉」という現象をおこす

ことが実験で確かめられています。

　そして，人間が観測していないときには，電子は波として存在していると考えられているのです。つまり，電子は波として空間の中に広がって存在しており，粒子のようにどこか1点だけに存在するわけではないのです。**電子が空間のどこでみつかるかは，確率でしか表現することができません。**

　野球ボールであれば，机の上にあろうが空中を飛んでいようが，ある瞬間には必ず空間のどこか1点に存在します。ところが，電子は波として空間に広がっており，どこにあるかはだれにもわからないのです。

　はたしてこれは，「存在している」といえるのでしょうか？　**ミクロな粒子をあつかう量子論は，存在についての私たちの常識に見直しをせまっているのです。**

電子は粒子であると同時に波でもある

電子の波が広がっているイメージをえがきました。私たちは普通，電子は粒子だと思っていますが，量子論によれば，人間が観測していないときには電子は波のように広がって存在しているといいます。電子の「存在」は，野球ボールなどとくらべるとかなり奇妙なものなのです。

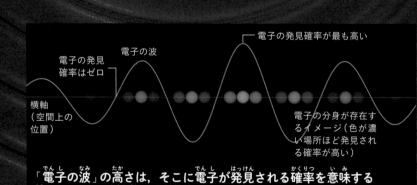

電子の発見確率が最も高い

電子の波

電子の発見
確率はゼロ

横軸
（空間上の
位置）

電子の分身が存在す
るイメージ（色が濃
い場所ほど発見され
る確率が高い）

「電子の波」の高さは，そこに電子が発見される確率を意味する

上のイラストは，量子論の「波動関数」であらわされる電子の波をグラフにしたものです。波動関数の高さ（横軸からのはなれぐあい）は，電子がその場所に発見される確率と関係しています。電子は，波が横軸からはなれている場所（山の頂上や谷の底）で発見される確率が高いということです。横軸上に並べてあるいくつかの電子は，電子が存在する確率をあらわすイメージで，発見確率が高いところほど濃く，低いところほど薄くえがきました。

電子の場所を決めるのは人間の『観測』

ミクロの世界では，日常の世界の常識は通用しない

観測前の電子は「波」，観測後は「粒子」

量子論の解釈にもとづき，観測する前の電子（左ページ）と，観測したあとの電子（右ページ）をえがきました。観測する前には，電子は波のように広がり，どこに存在しているかを確定することはできませんが，観測された瞬間に波がちぢみ，空間の1点に粒子としての電子があらわれるのです。

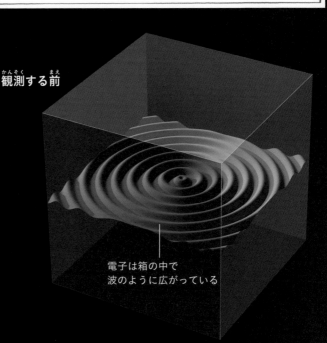

観測する前

電子は箱の中で
波のように広がっている

とても不思議な話ですが，電子は波であると同時に粒子としての性質ももっています。**これを「粒子と波の二面性」とよびます。**

量子論の標準的な解釈では，粒子と波の二面性は次のように説明されます。まず観測される前は，電子は波のように広がって存在しており，1点だけを指して「ここにある」と明確にいうことはできません。ところが，観測された瞬間に，広がっていた波がちぢみ，粒子としてどこか1点だけにあらわれるのです。

これは，「電子が存在する場所は，観測によってはじめて決定される」といいかえることができます。

私たちは通常，自分がそれを見るか見ないかにかかわらず，物はつねに「そこ」に存在するものだと考えています。ところが，量子論によれば，物が「そこ」に存在するかどうかは，あなた（観測者）がそれを見るかどうかによって決まるということになるのです。**こうした量子論の考え方は，物理学者の中ではげしい議論を巻きおこし，今でも，物理学者や哲学者などの間でさまざまな意見がたたかわされています。**

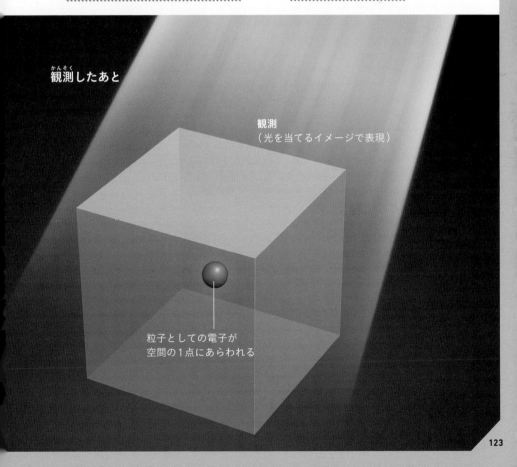

観測したあと

観測
（光を当てるイメージで表現）

粒子としての電子が
空間の1点にあらわれる

123

原子の中に雲のように広がる電子

原子の中はやはりからっぽといってもいいようだ

右のイラストの左半分では，観測される前の電子の状態を，原子の中を満たす霧のようなものとしてえがきました。しかし電子は，観測すると空間のどこか1点にしかみつかりません（イラストの右半分）。

この不思議な性質は，私たちの常識とはかけはなれていて，納得するのがむずかしいでしょう。しかし，量子論にもとづくと，ミクロな世界でおきるさまざまな現象をうまく説明できるのです。

電子が原子の中の空間に広がって存在しているのであれば，そこは「物がない」という意味での真空とはいえないようにも思えます。実は，量子論などの物理学を考慮すると，からっぽの「無」には不思議な性質があることがみえてくるのです。

量子論は，原理的には対象のサイズに関係なく，自然界全般の現象に適用できる理論です。しかし，原子以下のサイズになってくると，量子論で考えないとまったく説明できないような現象が次々と顔を出してきます。量子論的な現象は，ミクロな世界でよりきわだってくるのです。

原子の中を満たす
電子の"霧"

量子論にもとづいた
観測前の原子のイメージ

124

原子の中に広がる電子の"霧"

量子論によると，ミクロな粒子である電子は，観測されるまでは原子の中のどの位置にあるかが確定していないといいます。観測すると，電子はある1点にしかみつからないため，原子の中はやはりほとんどからっぽだといえそうです。

電子

原子核

観測後の
原子のイメージ

125

光は粒子でもあり，波でもある

それを実験で実証したトーマス・ヤング

干渉縞によって，光が波であることが証明された

イラストは，ヤングが行った光の二重スリットの実験です。二重スリットを通過した光は，波の性質である干渉をおこし，スクリーン上に干渉縞をつくりました。もし，光が単純な粒子であれば，このような模様はあらわれません。

干渉縞

二つに分かれて広がっていく波

スリットB

広がって進む波

スリット

光源

スリットA

光の波の概念図

黄色の線は波の「山の頂上」をあらわしている

山と山が重なって波が強め合っている点

トーマス・ヤング
（1773 ～ 1829）

光も電子のように粒子と波の二面性を合わせもっています。それを明らかにしたのは、イギリスの物理学者トーマス・ヤング（1773〜1829）が1807年に行った「光の干渉」実験です。

　ヤングは、イラストのような装置を使い、光で干渉がおきるかどうかを確かめました。光が波であるなら、最初のスリットを通過したあとも、その先の二つのスリットを通過したあとも、光は回折※をおこして広がり

ながら進み、二重スリットの先では、二つの波が干渉をおこすはずです。

　光の波では、山の高さ（振幅）は光の明るさに対応します。振幅が大きいほど、光は明るくなり、波の山と山が重なった場所では、波が強め合い、振幅が大きくなって光は明るくなります。一方、山と谷が重なり合う場所では、波が弱め合って光が暗くなります。**スクリーン上に縞模様ができると考えたヤングは、実際にこの結果を示してみせたのです。**

※：波は広がりながら進むので、行く手をはばむ障害物があったとしても、その後ろの影の部分にまでまわりこんで進みます。この現象を「回折」といいます。

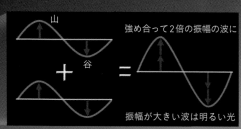

山
強め合って2倍の振幅の波に
谷
振幅が大きい波は明るい光

波が強め合ってスクリーンは明るくなる

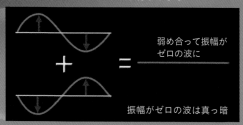

弱め合って振幅がゼロの波に
振幅がゼロの波は真っ暗

波が弱め合ってスクリーンは暗くなる

スクリーン

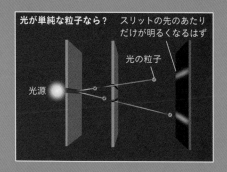

光が単純な粒子なら？
スリットの先のあたりだけが明るくなるはず
光の粒子
光源

電子の波と軌道の不思議な関係

電子などの物質粒子は，波の性質ももつ！

1923年，フランスの物理学者ルイ・ド・ブロイ（1892〜1987）は，光と同様に電子などの物質粒子も，波の性質をもつのではないかと考えました。このような波を「物質波」または「ド・ブロイ波」といいます。

電子の軌道を，原子核のまわりの円（右のイラストの点線の円）だとします。ド・ブロイは，軌道の1周の長さが電子の波にとって"ちょうどよい長さ"でないと，電子の波は安定的に存在できないと考えました。

1では，波の山（点線の円より外側）と谷（点線の円より内側）のセットが，1周の中に四つあり，2では，五つあります。電子の波と軌道の1周の長さが，このような関係を満たすときだけ，電子の波は安定して存在できると考えられます。

一方，3のような波では電子は安定して存在できず，そのような軌道に電子は存在できないとド・ブロイは考えたのです。

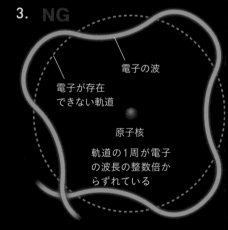

1. **OK**

電子の波

谷

電子が存在できる軌道

原子核

軌道の1周が電子の波長のちょうど4倍

山

3. **NG**

電子の波

電子が存在できない軌道

原子核

軌道の1周が電子の波長の整数倍からずれている

2.

OK

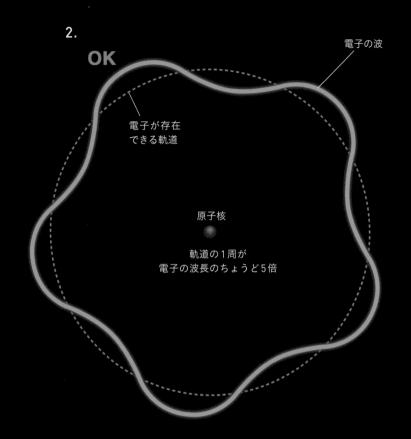

電子の波

電子が存在
できる軌道

原子核

軌道の1周が
電子の波長のちょうど5倍

電子の波と電子の軌道の関係とは？

上の1と2は，軌道の1周の長さが，電子の
波長の整数倍になっています。このような
軌道には，電子が存在できるとド・ブロイ
は考えました。3のように軌道の長さと電
子の波長がこの関係からずれていると，そ
のような軌道に電子は存在できません。

ルイ・ド・ブロイ
（1892 〜 1987）

一つの電子が二つの隙間を通る?

そうでなければ干渉縞の説明がつかない

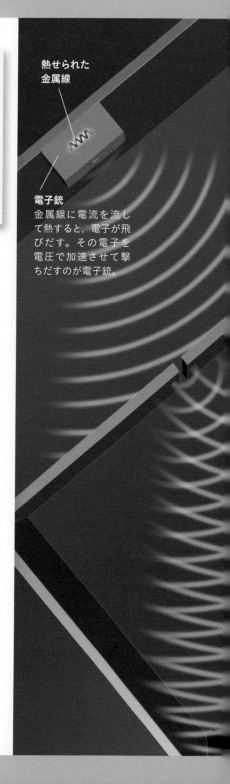

熱せられた金属線

電子銃
金属線に電流を流して熱すると,電子が飛びだす。その電子を電圧で加速させて撃ちだすのが電子銃。

電子銃の先に,二つのスリットが入った板を置きます。その先にはスクリーンがあり,電子がぶつかるとその跡が記録されます。電子が粒子なら直進するだけなので,発射をくりかえすとスリットの先の近辺だけに電子が到達した跡が残るでしょう。**しかし,実際に電子を何度も発射して実験をつづけると,しだいに干渉縞が見えてきます。**

干渉縞があらわれることは,電子を単純な粒子と考えていては説明できません。1個の電子が波のように広がって,二つのスリットを通過したために生じたと考えるしかないでしょう。**つまり,電子が一方のスリットを通った状態と,他方のスリットを通った状態が共存しているということです。**

しかしこの実験を,スリットに観測装置を付けて電子がどちらを通っているかを確認しながら行うと,干渉縞はあらわれません。これは,観測という行為自体によって,電子の波が収縮し,スリットのどちらか一方しか通らなくなるため干渉縞があらわれなくなったのです。

二重スリットを使った電子の干渉実験

電子を一つだ
け発射すると,
点状の跡が一
つだけ残る

電子を
くりかえし
発射

干渉縞ができる!

電子を発射しつづけると
干渉縞があらわれる

131

電子の波は瞬時にちぢむ

電子や光は，観測されることで
粒子としての姿をあらわす

観測を行うと，電子の波は瞬時にちぢむ

イラストは，標準的な解釈にもとづいた，電子における「粒子と波の二面性」についてのイメージです。左は，観測前に空間的に広がっている電子の波のイメージです。観測を行うと，電子の波は広がっていた範囲内のどこか1か所に瞬時に集まって，"とがった波"となります（右・波の収縮）。このとがった波を私たちは粒子として観測することになります。

観測前

空間に広がっている，
観測前の電子の波のイメージ

電子は，"見ていないとき"（観測していないとき）は波のように空間に広がっています（イラスト左）。しかし，電子の位置を観測しようとすると，不思議なことに電子の波は瞬時にちぢみ，1か所に集中した"とがった波"となります（イラスト右・波の収縮）。

このような波は，私たちには粒子のようにみえます。**つまり，電子は"見ていないとき"は波としてふるまい，"見る"と粒子としての姿をあらわすのです。**

電子がどこに出現するかは確率的にしかわかりません。121ページのように，電子の波を波動関数のグラフであらわした場合，電子の波の"頂上"あるいは"谷底"で電子の発見確率が高くなり，電子の波が横軸とまじわっているところでは発見確率がゼロになります。

このように，電子の波を電子の発見確率をあらわす波と考えるのが「確率解釈」です。**「波の収縮」と「確率解釈」を合わせた考え方を，「コペンハーゲン解釈」とよびます。**

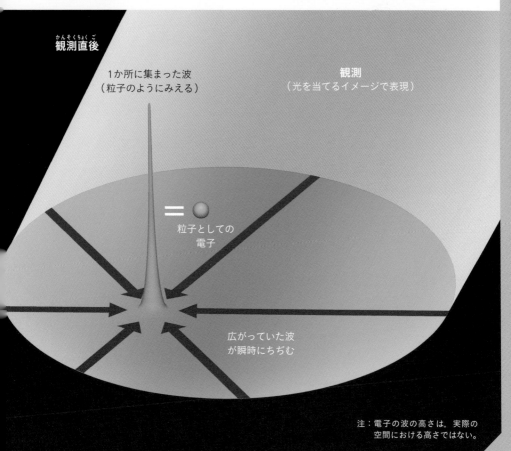

観測直後

1か所に集まった波
（粒子のようにみえる）

観測
（光を当てるイメージで表現）

＝ ◯ 粒子としての
電子

広がっていた波
が瞬時にちぢむ

注：電子の波の高さは，実際の
空間における高さではない。

観測されると世界全体が分岐する？

たがいに関係性をもたない世界の分岐

　右に示したネコの生死問題について，通常は原子核が崩壊して放射線検出器が放射線を検出した瞬間，それまで共存していた「原子核が崩壊しなかった状態」は，消えてなくなることになります。しかし，アメリカの物理学者ヒュー・エベレット（1930〜1982）は別の解釈をします。それが「多世界解釈」です。

　多世界解釈では，共存していた一つの状態が観測されたあとでも，二つの状態とも残っていると考えます。検出器が放射線を検出すると，「原子核の崩壊を検出した世界」と「原子核の崩壊が検出されていない世界」が分岐すると考えるのです。

　放射線の検出前は，「原子核が崩壊した世界」と「原子核が崩壊していない世界」は共存しています。しかし検出したあと，二つの世界は干渉し合うことができなくなり，関係性が切れてしまいます。しかし，二つの世界は並行して存在しているようにみなせるので，「多世界解釈」とよばれています。

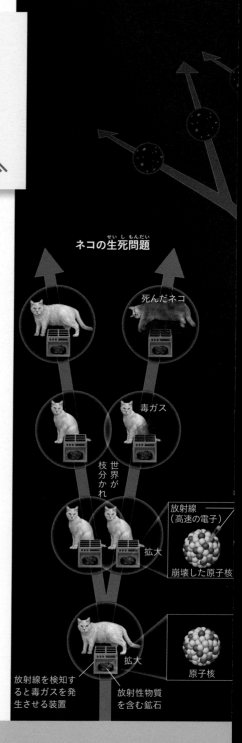

ネコの生死問題

死んだネコ

毒ガス

世界が枝分かれ

拡大

放射線（高速の電子）

崩壊した原子核

拡大

原子核

放射線を検知すると毒ガスを発生させる装置

放射性物質を含む鉱石

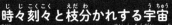

時々刻々と枝分かれする宇宙

左のイラストは、ネコの生死問題を多世界解釈にもとづいてえがいたものです。放射線の検出にともなって世界は枝分かれし、一方の世界ではネコは死んで別の世界ではネコは無事です。宇宙はこのような現象がおきるたびに、枝分かれすることになります（イラスト右）。世界が可能性の数だけ枝分かれして、それぞれの世界が並行して存在していると考えるのが多世界解釈です。

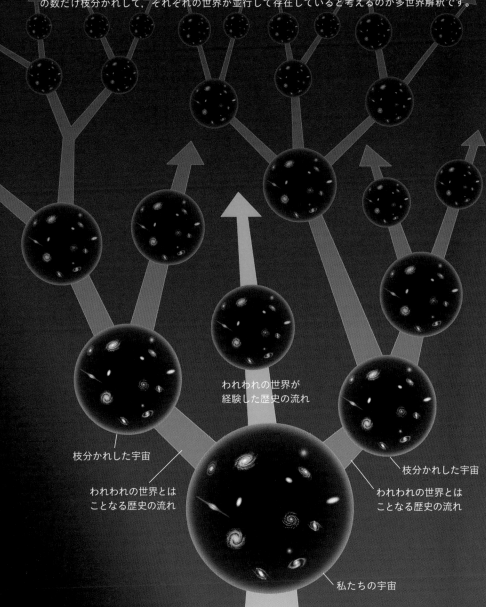

われわれの世界が
経験した歴史の流れ

枝分かれした宇宙

われわれの世界とは
ことなる歴史の流れ

枝分かれした宇宙

われわれの世界とは
ことなる歴史の流れ

私たちの宇宙

宇宙は"ホログラム"でできた幻か?

空間は,根源的な"何か"でできている?

私たちが認識しているこの3次元空間は幻であり,まるでホログラムのように"立体的に投影されたもの"なのかもしれない——。そんなおどろくべき仮説が,物理学者によって提唱されています。それは,超ひも理論の研究から生まれた「ホログラフィー原理」というものです。

ホログラムとは,2次元の平面上にきざまれた情報をもとに,3次元の立体的な像をつくる技術のことです。ホログラフィー原理をもとにした仮説によると,この宇宙は,2次元平面上に"書かれた"情報から"投影"されたもので,空間さえもより根源的な"何か"からできた幻かもしれないというのです。

私たちが認識している宇宙が幻であるならば,宇宙のはじまりや「無」を,私たちはどうとらえたらよいのでしょうか。最先端の物理学が宇宙の"ほんとうの姿"を明らかにするとき,「究極の無」にせまることができるのかもしれません。

空間すらも幻かもしれない

この宇宙にあるすべての物や空間がホログラムであるというイメージをえがきました。この宇宙は，2次元の平面上に"書かれた"情報をもとにした幻なのかもしれません。

仏教の「空の思想」と量子論の意外な共通点

仏教には，「空」という基本的な考え方があります。これを「空の思想」として発展させ，体系化したのが，龍樹（ナーガールジュナ）というインドの僧です。

龍樹がまとめた空の思想は，「般若心経」に，300字弱の漢字でしるされています。**その中の「色即是空」（色すなわちこれ空なり）という有名な言葉には，「空の思想」が端的に表現されています。**「色」とは，この世のすべての物質や現象を意味する言葉です。「空」とは「うつろな」という意味です。そのため，「色即是空」とは，「この世のすべての事物はうつろである」となります。

ただし，「うつろ」とは「何も存在しない『無』」という意味ではありません。空とは「それ自体で独立した不変の実体など存在せず，すべての事物は他者との関係（因縁）によってのみ存在する」という意味です。すなわち，「色即是空」とは，「すべての事物は形のある実体のようにみえるが，それらはすべて他者と関係し合って存在しており，それ自体で独立に存在するような実体などない」ということです。

イタリアの物理学者カルロ・ロヴェッリ（1956〜）は，その著書の中で龍樹がとなえたこの「空の思想」が量子論を考察するうえでヒントになるとのべています。

物理学では，物の存在を粒子としてとらえますが，その本来の姿は実は広がった波であり，人間が観測したときにのみ粒子としてあらわれるものです。これをいいかえると，粒子という存在は，私たちとの「関係」においてのみあらわれるということです。

また逆にいえば，粒子にせよ波にせよ，いかなる「関係」にもとらわれず，それ自体で独立しているような実体は存在しません。**つまり量子論は，この宇宙が「空」であることを示しているとも考えられるというわけです。**

龍樹（ナーガールジュナ：中央の大きな人物）（150 ごろ～ 250 ごろ）
2 世紀ごろのインドの僧。「空の思想」を発展させ、体系化しました。その思想体系は、『中論』という著作の中にくわしく記述されています。

おわりに

　これで「無の神秘」はおわりです。数の無であるゼロから，「からっぽの空間」である真空，空間も時間もない「究極の無」，そして，存在するとはどういうことかという問いに至るまで，幅広く取り上げてきました。いかがでしたか？

　私たちはふだんの生活で，あたりまえのようにゼロを使っています。しかし，歴史をふりかえると，先人たちがいかにしてゼロにたどり着いたのか，そこにはさまざまな議論や考察があったことがわかります。

　また，現代物理学によると，真空はただの「からっぽの空間」などではないこともみてきました。空間から物質をすべて取り除いても，そこには奇妙なものたちが満ちあふれているというのです。そして，現代物理学は，宇宙を生んだ「究極の無」にもせまりつつあります。

さまざまな視点でながめてきた無の神秘。この本が，無について考えるきっかけとなったら，うれしく思います。🍎

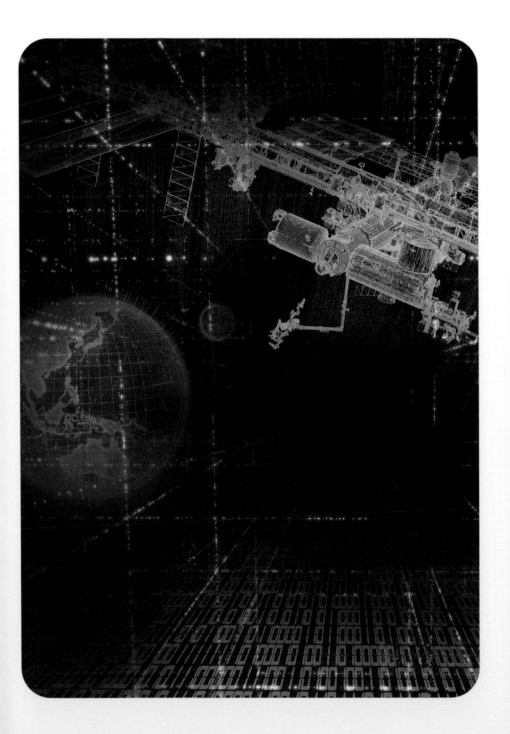

超絵解本

絵と図でよくわかる

心理学

心の不思議を科学で読み解く

A5判・144ページ　1480円（税込）　好評発売中

　私たちの何気ない行動や判断には，心が大きくかかわっています。心理学は，目にみえない心のはたらきを，科学的に研究する学問です。

　心理学であつかう心とは，「多くの人に共通する心」です。「あの人」や「あなた」といった特定のだれかの心は，たとえ心理学の専門家であっても，見すかすことなどできません。一方，まわりの人に合わせてしまったり，うわさを信じたり，閉店時間が近づくと余分な物を買ってしまったり……といった行動は，心理学で説明することができます。

　多くの人に共通する心のはたらきを，正しく客観的に理解することができたら，きっと毎日の生活に役立つ機会があるでしょう。どうぞお楽しみください。

心こころのしくみを
科学的かがくてきに解説かいせつ

人ひとは得とるときよりも
失うしなうときのほうが
大おおきく感かんじる!

うわさが広ひろまる
法則ほうそくとは?

Staff

Editorial Management	中村真哉
Cover Design	岩本陽一
Design Format	宮川愛理
Editorial Staff	小松研吾, 谷合 稔

Photograph

40-41	【東京証券取引所】moonrise/stock.adobe.com	112	岩藤 誠/Newton Press
50-51	oka/stock.adobe.com	139	Public domain
111	Dana Smith/Black Star/PPS通信社		

Illustration

表紙カバー, 表紙, 2	Newton Press	99〜101	Newton Press
7〜11	Newton Press	102-103	Newton Press,【アインシュタイン】黒田清桐
13	Newton Press, 飛田 敏	104〜115	Newton Press
14〜41	Newton Press	117	Newton Press, Newton Press（credit①）
43	飛田 敏	118-119	吉原成行
45〜49	Newton Press	121〜125	Newton Press
52〜65	Newton Press	126-127	Newton Press,【ヤング】山本 匠
67	Newton Press, カサネ治	128-129	Newton Press,【ド・ブロイ】山本 匠
68〜73	Newton Press	130〜135	Newton Press
75	Newton Press, 吉原成行	136-137,	Newton Press（credit①）
76〜89	Newton Press	141	Newton Press（credit①）
90-91	カサネ治	credit①	（ISSの3Dデータ）Johnson Space Center
92-93	Newton Press		Integrated Graphics, Operations, and Analysis
95	吉原成行		Laboratory[IGOAL].
96-97	Newton Press		

本書は，主にニュートンライト2.0『無とは何か』，ニュートン別冊『無とは何か 改訂第2版』，Newton 2020年12月号「ゼロと微分積分」の一部記事を抜粋し，大幅に加筆・再編集したものです。

初出記事へのご協力者（敬称略）:
足立恒雄（早稲田大学名誉教授）／一ノ瀬正樹（武蔵野大学教授，東京大学名誉教授）／江沢 洋（学習院大学名誉教授）／奥田雄一（東京工業大学名誉教授）／末次祐介（高エネルギー加速器研究機構名誉教授）／橋本幸士（京都大学大学院理学研究科物理学・宇宙物理学専攻教授）／橋本省二（高エネルギー加速器研究機構教授）／林 隆夫（同志社大学名誉教授）／前田恵一（早稲田大学理工学術院教授）／和田純夫（元・東京大学専任講師）

超絵解本

ゼロ、真空、そして究極の無

絵と図でよくわかる 無の神秘

2023年5月15日発行

発行人	高森康雄
編集人	中村真哉
発行所	株式会社ニュートンプレス
	〒112-0012東京都文京区大塚3-11-6
	https://www.newtonpress.co.jp

© Newton Press 2023　Printed in Taiwan
ISBN978-4-315-52689-9